# TEXTOS ESENCIALES

# CHARLES DARWIN

Colección *Textos esenciales* dirigida por Luis Benítez
Ilustración de tapa: Fernando Martínez Ruppel

Textos esenciales
es editado por
EDICIONES LEA S.A.
Av. Dorrego 330 C1414CJQ
Ciudad de Buenos Aires, Argentina.
E-mail: info@edicioneslea.com
Web: www.edicioneslea.com

ISBN 978-987-634-910-9



Primera edición. Impreso en Argentina.
Julio de 2013. Printing Books.

Darwin, Charles R.
Textos esenciales. - 1a ed. - Buenos Aires : Ediciones Lea, 2013.
192 p. ; 23x15 cm. - (Textos esenciales; 2)

ISBN 978-987-634-910-9

1. Teoría de la Evolución. 2. Darwinismo.
CDD 576.82

# TEXTOS ESENCIALES

# CHARLES DARWIN

EDICIONES Lea

# Introducción

## La importancia de las obras de Charles Darwin

La revolución del pensamiento originada en el Renacimiento significó que dentro de la cultura occidental se dejó de suponer que lo sobrenatural –el Dios del cristianismo en sus variadas formas y según los diferentes credos– ocupaba el centro del universo; su lugar fue tomado por el hombre. Paulatinamente, la visión del cosmos fue modificándose también, hasta llegar a una concepción del universo como una suerte de mecanismo de relojería, cuyas leyes de causa y efecto había que desentrañar para mejor aprovechar esos conocimientos nuevos.

Sin embargo, durante el siglo XIX surgieron pensadores que agregaron nuevas modificaciones a lo anterior. Una de estas grandes figuras de la humanidad fue Charles Robert Darwin, un naturalista inglés que sentó las bases para una interpretación nueva del reino animal y vegetal y su historia pasada, presente y futura, demostrando que todas las especies provienen de formas anteriores, modificadas por lo que denominó la selección natural y la supervivencia de los más aptos. Su óptica científica, fuertemente cuestionada en su tiempo y aun después de aceptada por la ciencia, desde distintas argumentaciones religiosas, morales y hasta políticas, condujo a la comprensión de que nuestra propia especie no escapaba a la regla general y que el hombre, que pomposamente se denomina a sí mismo como *Homo sapiens* ("el hombre sabio"), en realidad proviene de ciertas variedades de simios que evolucionaron hace millones de años en África oriental.

Este revolucionario punto de vista aportado por Darwin a la imagen del mundo y de sí mismo que tiene el hombre contemporáneo se plasmó en extensos tratados que redactó el extraordinario naturalista inglés en base a sus prolongados estudios y observaciones realizadas en diferentes puntos del planeta, inclusive en América del Sur.

Los *Textos Esenciales* que aquí presentamos abarcan los párrafos más significativos de algunas de las obras más importantes de Charles Darwin, entre ellos, el prólogo del autor y el Capítulo V de su *Diario del viaje de un naturalista alrededor del mundo o El viaje del Beagle*, fascinante crónica del periplo realizado por el genio de las ciencias naturales en su juventud, viaje que lo llevó a explorar buena parte de la Argentina en la primera mitad del siglo XIX. También conforman este volumen los fundamentales capítulos IV y XV de su célebre obra *El origen de las especies*, titulados respectivamente "La selección natural o la supervivencia de los más aptos" y "Recapitulación y conclusión". Completa esta introducción a la obra del célebre naturalista una serie de notas respecto de los párrafos elegidos, pues pensamos que éstas aclararán más el sentido de lo expresado por el texto original, que en ocasiones puede resultar complejo, de otra manera, para el lector que recién se introduce en esta extraordinaria aventura científica que cambió para siempre nuestro entendimiento del mundo natural y de nosotros mismos.

## El hombre y el genio

El célebre naturalista inglés Charles Robert Darwin nació el 12 de febrero de 1809 en Shrewsbury y falleció a los 73 años de edad, el 19 de abril de 1882, en Downe, Kent, tras tener la satisfacción de ver aceptadas sus revolucionarias teorías respecto del origen y la evolución de los organismos; ello, no sólo por parte de sus colegas científicos, sino por la mayoría de sus contemporáneos. A partir de la publicación de sus obras y tras tormentosas discusiones respecto de lo formulado por Darwin, sus concepciones se transformaron en parte fundamental de la imagen del mundo que tenemos aquellos que conformamos su posteridad. Hoy en día, las teorías darwinianas son una de las bases de la cultura media de la humanidad.

Pero, ¿cómo fue que llegó Darwin a establecer sus geniales concepciones en torno a la evolución no sólo de plantas y animales, sino respecto del origen del hombre mismo? En apretada síntesis, expondremos a continuación su vida y su obra.

Aventajado alumno, contaba 16 años de edad cuando ingresó en la Universidad de Edimburgo, Escocia, para cursar estudios de medicina, como los había seguido su padre, Robert Darwin, quien además era un hombre de negocios de posición desahogada; sin embargo, cambiaría poco después su derrotero científico, pasando a consagrarse a las ciencias naturales –su auténtica pasión desde niño– en la prestigiosa universidad de Cambridge. En Cambridge, Darwin se hizo un gran seguidor y luego amigo de su profesor de botánica, el prestigioso erudito John Stevens Henslow, quien en 1831, ya graduado Darwin con honores, lo sorprendió con una carta que cambiaría el rumbo de las ciencias naturales para siempre.

Su mentor le proponía un viaje extraordinario, como naturalista honorario (sin percibir sueldo alguno por ello) a bordo del HMS Beagle, un bergantín de la Marina Real Británica de 27,5 metros de largo, 7,5 metros de ancho y una tripulación de 120 hombres, bajo el mando del capitán Robert FitzRoy. La misión de la nave: levantar la cartografía de la costa de América del Sur, en un viaje planeado, inicialmente, para durar 2 años y que se extendió finalmente a 5.

Pese a la oposición inicial de su padre, Darwin se salió con la suya y contando apenas con 22 años de edad se embarcó en el Beagle el 27 de diciembre de 1831, zarpando desde el puerto de Plymouth rumbo a uno de los mayores descubrimientos científicos del siglo. El dilatado itinerario del Beagle llevó a Darwin, cada vez más entusiasmado con sus descubrimientos y observaciones, inicialmente a Cabo Verde, en África; luego, cruzando el Atlántico, hasta las costas brasileñas, para continuar rumbo al sur, recorriendo la Provincia de Buenos Aires y la Patagonia argentina, tras lo cual pasaron los intrépidos marinos y el naturalista al Océano Pacífico, llegando a Chile y las Islas Galápagos, antes de cruzar esa enorme masa marina que cubre un tercio del planeta rumbo a Australia, las Islas Cocos, Ciudad del Cabo... En el curso de su largo periplo, Darwin realizó todo tipo de estudios geológicos e investigaciones de la fauna y la flora de las diversas regiones que iba visitando, merced a prolongadas estadías en tierra y una fenomenal recopilación de notas y dibujos. El resultado de sus empeñosas investigaciones lo fue enviando Darwin regularmente a Cambridge, donde colegas del aventajado y todavía juvenil naturalista viajero iban desmenuzando el importante mensaje para la ciencia de la época que contenían las notas y observaciones, los especímenes disecados y los dibujos venidos de la mitad del globo.

Cuando el Beagle volvió a puerto inglés el 2 de octubre de 1836, Darwin ya era toda una celebridad entre la comunidad científica británica y aun la europea continental, en gran medida gracias a la generosidad de su mentor, el Dr. Henslow, quien se había ocupado activamente de difundir los hallazgos de su anterior discípulo entre sus colegas.

Fueron tiempos de temprana gloria y prestigio para el joven naturalista, recibido y aceptado por sus colegas de mucha mayor edad y experiencia, que inclusive se ponían a disposición de él para consagrarse a la clasificación del abundantísimo material que había enviado al Reino Unido.

De todas formas, ya la sospecha del sentido oculto que revelaban los numerosos indicios que había logrado reunir en su prolongado viaje y en los estudios que realizó posteriormente había fraguado en la mente del laureado investigador. Poco a poco, en su mente se abría paso la revolucionaria concepción de que el origen de aquellas variadas formas que estaba descubriendo ante la comunidad científica eran las claves de una de las grandes incógnitas de su tiempo. ¿Cuál era el origen de las especies? ¿A través de qué mecanismos, leyes y normas, se producía la transformación de éstas? ¿Era posible que muchas de esas especies, tanto las fósiles como las todavía vivientes, provinieran de ancestros comunes? Mes a mes, año a año, más y más evidencias de lo acertado de su genial intuición se iban acumulando sobre su mesa de trabajo, hasta que a comienzos de 1842 Darwin le escribió una carta a sir Charles Lyell, eminente figura de la geología moderna, exponiéndole sus nuevas ideas sobre aquellos temas capitales. En mayo, finalmente, Darwin comenzó a bosquejar su teoría, que le demandaría varios años más antes de poder ofrecerla a la comunidad científica, merced a formidables jornadas de estudio e investigación, complicadas aún más por su frágil salud; todavía joven, le detectaron una serie de problemas cardíacos que imponían un descanso que nunca acató.

Finalmente, el 22 de noviembre de 1859 las librerías de Londres recibieron los 1.250 ejemplares de la tirada inicial de la obra capital de Charles Darwin, bajo el título de *On the Origin of Species by Means of Natural Selection, or the Preservation of Favoured Races in the Struggle for Life*, más conocido luego como *El origen de las especies.*

Pocos títulos, en la larga historia del pensamiento humano, generaron mayor polémica, recibieron tantos ataques y fueron, finalmente, tan importantes para la humanidad y el pensamiento de su época y el contemporáneo como éste.

La luz arrojada por los estudios de Darwin respecto de los orígenes y la evolución de los organismos arcaicos y presentes señala uno de los hitos fundamentales en el avance del conocimiento, desde que Galileo Galilei o Isaac Newton establecieron sus postulados.

A partir de aquel memorable día de 1859, ya nada sería lo mismo para las ciencias naturales y para la concepción del universo y los múltiples seres que lo habitan. Todavía en 1871, el 24 de febrero, el genio de Darwin dio a prensas otra obra fundamental: *The Descent of Man, and Selection in Relation to Sex* (El origen del hombre, y la selección en relación al sexo), que ubicó a la especie humana como una más de las tantas que componen el reino animal, además de brindar la exposición magistral de la intervención de la selección sexual como causa y origen de la fijación de ciertas características no relacionadas específicamente con la adaptación. Para quien todavía dude de la importancia que esta obra tuvo en su momento, basta con decir que entonces todavía se suponía que todos los seres humanos no eran miembros, fuera cual fuera su raza, de una misma especie...

Cada vez más enfermo y confinado en sus últimos años en su habitación, donde debía guardar cama, aunque sin detenerse en sus estudios más de lo que lo obligaba su frágil constitución, finalmente nuestro autor falleció en Downe, localidad del condado de Kent, Inglaterra, el 19 de abril de 1882. Por expreso pedido de sus colegas, su funeral con honras de

Estado se concretó en la abadía de Westminster, donde fue enterrado junto a donde reposan los restos de Isaac Newton.

Parte de su extraordinario legado está expuesto en las páginas siguientes.

*Luis Benítez*
Buenos Aires, mayo de 2013.

# Diario del viaje de un naturalista alrededor del mundo o El viaje del Beagle

# Prólogo de Charles Darwin a la segunda edición

En el prólogo de la primera edición de esta obra, así como en la sección zoológica del "Viaje del Beagle", mencioné debido a qué causas me sumé a esa expedición en periplo alrededor del mundo. El capitán Fitz-Roy, jefe de ésta, quería llevar un naturalista a bordo de su nave y para ello, ponía a su disposición una porción de su camarote. Me presenté, y gracias a los buenos oficios del capitán Beaufort, ingeniero hidrógrafo, el Almirantazgo aceptó mi propuesta. Permítanme, entonces, hacer público mi agradecimiento al comandante Fitz-Roy, pues es a él a quien le debo haber podido estudiar la historia natural de los diversos países que visitamos. Quiero añadir que, en el curso del lustro que estuve en su compañía, encontré permanentemente un amigo sincero y generoso en él. Asimismo deseo manifestar mi gratitud a la oficialidad del Beagle, que con tanta bondad me trató.

Este volumen contiene, a modo de diario personal, la historia de nuestro trayecto y algunas cortas observaciones respecto de la historia natural y la geología que, por su especificidad, me parecen interesantes para los lectores. En esta nueva edición he acortado mucho algunas partes y extendido otras, con el fin de hacer más accesible la obra a todos los lectores. Mas los naturalistas deben recordar que para los detalles es necesario que consulten las grandes publicaciones, donde se abarcan los resultados científicos de la expedición. De tal modo, la sección que versa sobre la historia natural de la expedición incluye: una memoria del profesor Owen[1] acerca de los mamíferos fósiles; otra de Mr. Waterhouse[2] acerca de los mamíferos vivos; otra de Mr. Gould[3] acerca de las aves; otra del reverendo L. Jenyns[4] acerca de los peces, y otra de Mr. Bell[5] acerca de los reptiles. Sumé a la descripción de cada

1 Sir Richard Owen, nacido en Lancaster el 20 de julio de 1804 y fallecido en Londres el 18 de diciembre de 1892, fue un biólogo, paleontólogo y anatomista inglés. A partir de 1836 estudió y clasificó las abundantes muestras traídas por Darwin de su viaje en el Beagle. Con posterioridad, una vez que Darwin formuló sus teorías, Owen respaldó con su gran prestigio científico el evolucionismo, pero se mostró adverso a la teoría darwiniana de la selección natural.

2 George Robert Waterhouse, nacido el 6 de marzo de 1810 y muerto el 21 de enero de 1888 en Putney, fue un naturalista inglés. Tras asumir como conservador del museo de la Sociedad Zoológica de Londres, le fue confiada por Charles Darwin la tarea de estudiar los mamíferos e insectos recogidos durante el viaje del Beagle.

3 John Gould, nacido el 14 de septiembre de 1804 y fallecido el 3 de febrero de 1881, fue un naturalista inglés y destacadísimo ornitólogo; su estudio de los pinzones recogidos por Charles Darwin fue un elemento clave para la formulación de la teoría del origen de las especies.

4 Leonard Jenyns, nacido el 25 de mayo de 1800 en Londres y muerto el 1 de septiembre de 1893 en Norfolk, fue un sacerdote, literato y naturalista inglés. Inicialmente Jenyns iba a ocupar el cargo de naturalista a bordo del Beagle, pero su delicada salud le impidió hacerlo y fue así como Darwin ocupó su lugar.

5 Thomas Bell, nacido en Poole el 11 de octubre de 1792 y muerto el 13 de marzo de 1880 en Selborne, fue un zoólogo, cirujano y escritor inglés. Presidente de la Linneo Society de Londres, al retorno del Beagle Bell se ocupó de la colección de crustáceos recolectada por Darwin.

especie ciertas observaciones formuladas sobre sus costumbres y al medio en el que viven.

Estos textos, debidos al desinteresado trabajo y la dedicación de esos sabios, no hubieran podido concretarse sin la liberalidad de los lores encargados del Tesoro; ellos, a pedido del canciller del Échiquier[6], nos otorgaron la suma de 1.000 libras esterlinas para financiar, en parte, los gastos requeridos por la publicación.

Yo mismo publiqué algunos tomos, respecto de la estructura y la distribución de los arrecifes coralinos, las islas volcánicas visitadas durante el viaje del Beagle, y la geología de la América meridional.

El sexto volumen de las *Geological Transactions*[7] incluye dos memorias que escribí respecto de las piedras errantes y los fenómenos de vulcanismo en la América del Sur.

Los señores Waterhouse, Walter, Newman y White han publicado ya diversas interesantes memorias respecto de los insectos que yo recogí, y espero que todavía se publiquen otras más. El doctor J. Hooker[8], en su magna obra acerca de

---

6 En el reino de Inglaterra, el Échiquier equivalía a la Cámara de Cuentas de otros dominios reales europeos. El cargo era ocupado por los barones de Échiquier y los chambelanes. El nombre oficial del Ministro de Finanzas británico es, en la actualidad, el de Chancellor of the Exchequer. El nombre viene de la mesa en torno a la que celebraba sus reuniones de trabajo la Cámara de Cuentas; consistía ésta en un escritorio cubierto por casilleros blancos y negros, como un tablero de ajedrez, sobre los cuales los contribuyentes depositaban el importe de los impuestos frente a los funcionarios del tribunal.

7 Darwin se refiere a las *Transactions of the Geological Society of London,* la más temprana de las publicaciones sistemáticas de dicha organización científica, que se editaron desde 1811 hasta 1856.

8 Joseph Dalton Hooker, nacido en Halesworth el 30 de junio de 1817, y fallecido en Sunningdale el 10 de diciembre de 1911, fue un botánico y explorador inglés. La obra de Hooker a la que Darwin se refiere a continuación es *Flora Antarctica: The botany of the Antarctic voyage*, publicada en 3 tomos, en Londres, a partir de 1844 y hasta 1859.

la flora del hemisferio austral, realizará la descripción de las muestras vegetales que traje de América meridional. Asimismo ha publicado en las *Transactions* una memoria respecto de la flora del archipiélago de las Galápagos. El profesor Henslow[9] publicó un listado de las muestras vegetales que recogí en las islas Keeling, y el reverendo J.M. Berkeley ha descrito mis plantas criptógamas.

Asimismo, en esta obra tendré el placer de señalar el apoyo que me han brindado otros naturalistas distinguidos, mas solicito que me sea permitido ahora agradecer con la mayor sinceridad al profesor Henslow, ya que fue él quien, cuando yo estudiaba en la Universidad de Cambridge, influyó en mi afición a la historia natural; fue el Prof. Henslow quien, durante mi ausencia, se encargó esmeradamente de las colecciones que, de tanto en tanto, yo enviaba a Inglaterra.

Por último, él fue quien, mediante su correspondencia, dirigió mis investigaciones, y aquél que, en una palabra, ha sido para mí, permanentemente, el amigo más afectuoso.

*Junio de 1845*

9 John Stevens Henslow nació en Rochester el 6 de febrero 1796 y falleció el 16 de mayo 1861 en Hitcham; fue un sacerdote anglicano, botánico y geólogo inglés, suegro de Joseph Dalton Hooker. Henslow fue amigo y mentor de Charles Darwin.

# Capítulo V

*Bahía Blanca - Geología - Numerosos cuadrúpedos gigantes extinguidos - Extinción reciente - Longevidad de las especies. Los grandes animales no tienen necesidad de una vegetación inmensa - África meridional - Fósiles de Siberia - Dos especies de avestruces - Costumbres del casara - Armadillos. Serpiente venenosa, sapo, lagarto - Invernada de los animales - Costumbres de la Virgularia patagónica - Guerras indias y asesinatos en masa - Punta de flecha antigua.*

## Bahía Blanca

El Beagle arriba el 24 de agosto a Bahía Blanca y, transcurrida una semana de estancia, suelta sus velas hacia el Plata. El capitán Fitz-Roy está de acuerdo en dejarme atrás para permitirme llegar así a Buenos Aires por vía terrestre. Voy a resumir ciertas observaciones realizadas en esta región durante esa incursión y en el curso de otra anterior, en la que el Beagle estuvo determinando la situación del puerto.

A la distancia de varias millas de la costa, la llanura corresponde a la gran formación de las Pampas; se compone parcialmente de arcilla rojiza y en parte de rocas margosas muy calcáreas. A una cercanía mayor de la costa se encuentran algunos llanos formados por los residuos de la llanura superior y barro, cantos rodados y arena, arrojados por el océano durante la paulatina elevación de la tierra, elevación de la que encontramos la prueba en las capas de conchas recientes y en los cantos rodados de piedra pómez, presentes en todo el país.

En Punta Alta se observa un corte de uno de esos pequeños llanos recientemente formados, que resultan del mayor interés por el número y el carácter singular de los restos de animales terrestres gigantescos que en ellos están enterrados. La descripción de estos restos fue realizada muy minuciosamente por el profesor Owen en la *Zoología del viaje del Beagle*, y esa colección se encuentra depositada en el Museo del Colegio de Médicos. Por ello, voy a limitarme a brindar a continuación una corta noticia de su naturaleza:

1º. Segmentos de tres cabezas y otros huesos de Megatherium[10] (el nombre dado a este animal alcanza para señalar sus enormes dimensiones).

2º. El Megalonyx[11], enorme animal, perteneciente a la misma familia.

3º. El Scelidotherium, animal que también pertenece a esa misma familia, y del que encontré un esqueleto casi

10 Megatherium (nombre que significa "gran bestia") es un género extinguido de mamíferos placentarios, conocidos popularmente como megaterios, que vivieron en América hasta hace 8.000 años. Sus restos fueron hallados en numerosos puntos del continente, principalmente desde Chile hasta El Salvador. Eran animales herbívoros y su longitud podía alcanzar los 6 metros.

11 Una variedad de megaterio que habitó América, desde el actual territorio estadounidense hasta la Argentina.

completo, debió de ser casi tan grande como el rinoceronte, que (según Owen), por la estructura de la cabeza se asemeja al hormiguero del Cabo, pero desde otros puntos de vista se parece al armadillo.

4º. El Mylodon darwini, género muy próximo al del Scelidotherium, pero de tamaño un poco menor.

5º. Otro desdentado gigantesco.

6º. Un animal muy grande, con caparazón óseo compartimentado, muy parecido al del armadillo.

7º. Una especie extinguida de caballo, de la cual volveré a hablar luego.

8º. Un diente de un paquidermo, tal vez un Macranchenia, enorme animal de largo cuello, como el camello, y del que también volveré a tratar.

9º. Y por último, el Toxodon[12], uno de los animales más extraños que se hayan descubierto jamás.

Por su tamaño, este animal se asemejaba al elefante o al megaterio; pero su estructura dental –según afirma Owen– demuestra sin lugar a dudas que estaba muy cerca de los roedores, orden que hoy abarca los cuadrúpedos más pequeños; en bastantes aspectos se asemeja también a los paquidermos; por último –según se extrae de la posición de sus ojos, orejas y narices– tenía posiblemente hábitos acuáticos, como el

12 Mamífero hoy extinguido, que vivió en América hasta hace unos 8.000 años. Su nombre significa "diente inclinado".

dudongo[13] y el manatí[14], a los cuales también se parece. ¡Qué asombroso es encontrar estos diferentes órdenes, hoy tan bien separados, confundidos entonces en las diversas partes de la organización del Toxodon!

Encontré los restos de esos grandes cuadrúpedos y muchos huesos sueltos, enterrados en la costa en un sector de unos 200 metros cuadrados. Es muy señalable el hecho de hallarse juntas tantas especies diferentes; al menos, esto establece una demostración de la multiplicidad de las antiguas especies que vivían en el país.

A más de 48 kilómetros de Punta Alta encontré, en un acantilado de tierra roja, numerosos pedazos de huesos; una gran proporción de ellos de enorme tamaño. Entre esos restos óseos encontré los dientes de un roedor, muy parecidos en tamaño y forma a los del capibara[15], cuyos hábitos ya describí anteriormente; por lo tanto, eran los de un animal acuático, con toda probabilidad. En el mismo lugar hallé también parte del cráneo de un Ctenomys, especie diferente del tucutucu[16], pero de gran parecido en general. La tierra roja donde estaban sepultados esos restos fósiles contiene, como la de las pam-

13 Mamífero herbívoro de hábitos acuáticos, de unos 3 metros de longitud y semejante a los elefantes marinos. Su hábitat se extiende por las zonas costeras de los océanos Índico y Pacífico.

14 Mamífero herbívoro emparentado con el dudongo, aunque de mayor tamaño –alcanza hasta los 4,5 metros de longitud y los 500 kg de peso– cuyas diferentes especies habitan las zonas costeras de África, América Central y los ríos amazónicos.

15 Llamado “carpincho” en Argentina, es un mamífero anfibio cuya área de dispersión abarca buena parte de Sudamérica. Es el roedor de mayor tamaño del mundo, cuyo peso puede alcanzar los 100 kg.

16 Pequeño roedor de hábitos subterráneos, que forma colonias e intrincadas madrigueras en los suelos de Sudamérica. Se conocen numerosas variedades.

pas (según el profesor Ehremberg[17]), ocho infusorios de agua dulce y uno de agua salada; es probable que se trate de un sedimento formado en un estuario.

Los restos de Punta Alta estaban sepultados en un sitio pedregoso estratificado y en un barrial rojizo, muy semejante a los sedimentos que el mar podría formar en una costa poco profunda, en los tiempos actuales. Junto a esos fósiles hallé 23 especies de conchas, 13 de éstas recientes y otras 4 muy próximas a las formas recientes. Resulta muy difícil decir si las otras corresponden a especies extinguidas o son meramente desconocidas, dado que se han recogido pocas colecciones de conchas en estos sitios. Mas, como las especies recientes sepultadas se encuentran en un número que resulta casi proporcional a las que hoy todavía habitan la bahía, creo imposible dudar de que este sedimento no corresponda a un período terciario muy reciente. Los esqueletos del Scelidotherium[18], incluyendo hasta la rótula de la rodilla, se encontraban enterrados en sus posiciones relativas; el caparazón óseo del enorme animal, semejante al armadillo, estaba en un óptimo estado de conservación, del mismo modo que los huesos de una de sus patas; por ello, y sin temor a incurrir en una equivocación, estamos en condiciones de afirmar que esos restos eran recientes y todavía se encontraban unidos por sus respectivos ligamentos cuando terminaron depositados en el pedregal junto con las conchas.

Estos hechos demuestran que los inmensos cuadrúpedos antes mencionados, de condición más diferente de los ani-

17 Christian Gottfried Ehrenberg, nacido el 19 de abril de 1795 en Delitzsch y fallecido en Berlín el 27 de junio de 1876, fue un naturalista, anatomista y geólogo, alemán, muy célebre en su época.

18 Mamífero hoy extinguido, que pertenece a la familia de los perezosos gigantes, como el megaterio. Los primeros hallazgos de sus restos fueron, precisamente, los realizados por Darwin en Bahía Blanca.

males propios de la época actual que los más arcaicos cuadrúpedos del período terciario europeo, vivían en una era en la que el mar encerraba la mayor porción de sus habitantes actuales. En eso observamos asimismo la confirmación de la notable ley respecto de la cual insistió tan frecuentemente Mr. Lyell (*Nota del autor:* Principles of Geology, tomo IV, pág. 40), aquella que indica que "*la longevidad de las especies de mamíferos es inferior a la de las especies de moluscos*".

El tamaño de los huesos de los animales megateroideos –incluyendo entre ellos al Megatherium, el Scelidotherium, el Megalonyx y el Mylodon– es ciertamente fuera de lo común. ¿De qué manera vivían estos animales? ¿Cuáles eran sus hábitos?

Auténticos problemas para los naturalistas representaron estas cuestiones, hasta que finalmente el profesor Owen (*N. del A.:* Esta historia fue desarrollada por primera vez en la *Zoología del Viaje del Beagle*, y después en la Memoria del profesor Owen acerca del Mylodon robustus) encontró muy ingeniosamente sus soluciones. Los dientes, debido a su simple conformación, señalan que esos animales megateroideos se nutrían de vegetales y quizás ingerían las hojas y las ramas pequeñas de los árboles. Su tamaño extraordinario, sus largas garras, fuertemente curvadas, parecen haber hecho muy difícil su desplazamiento terrestre; tanto, que algunos célebres naturalistas llegaron a suponer que alcanzaban estas bestias las hojas trepando a los árboles como los perezosos actuales[19], grupo al que se parecen en muchos aspectos. Mas, ¿no es un atrevimiento y no resulta incluso muy poco razonable, suponer que existieron árboles, por más antediluvianos que és-

19 Grupo de mamíferos propios de América del Sur, de mediano tamaño y que pasan la mayor parte de sus vidas en los árboles, alimentándose de sus hojas y brotes. Su lento desplazamiento –que es un medio de pasar inadvertidos para sus depredadores– se combina con el mimetismo, como otro medio de protección para los mismos fines.

tos fuesen, que poseyeran ramas tan fuertes como para que pudiesen soportar el peso de animales que eran tan grandes como los actuales elefantes? El profesor Owen opina –y es ello muchísimo más factible– que estas bestias antiguas, en lugar de treparse a los árboles, atraían hacia sí las ramas y arrancaban los arbustos para nutrirse con sus hojas. Desde esta óptica es evidente que el ancho y el peso extraordinarios del cuarto trasero de esos animales, que resulta ser casi inimaginable sin ver sus restos óseos, les brindaban un gran servicio en vez de molestarlos; en conclusión, desaparecería su pesadez. Apoyando firmemente en el suelo su cola robusta y sus enormes talones, estas bestias podían ejercer plenamente toda la energía de sus formidables patas delanteras y de sus potentes zarpas.

¡Hubiese sido necesario un árbol más que robusto para aguantar tanto peso! Asimismo, el Mylodon[20] poseía una lengua larga, similar a la de la jirafa, característica que, sumada a su largo cuello, le posibilitaban alcanzar las ramas más elevadas de los árboles. Debo señalar que en Abisinia (según Bruce) el elefante hace surcos hondos con sus defensas en el tronco de aquellos árboles cuyas ramas no puede arrancar, hasta lograr derribarlo.

Los estratos que contienen los fósiles a los que acabo de referirme se encuentran apenas a 5 o 6 metros sobre el nivel que alcanzan las mareas más altas. Por lo tanto, la elevación de las tierras –a menos que se haya producido luego un hundimiento, fenómeno que ningún indicio nos señala– ha sido muy leve desde el momento en que esos grandes mamíferos vagabundeaban por las praderas vecinas. El aspecto del país, en general, debe de haber sido muy parecido al del presente.

---

20 Variedad de perezoso gigante, hoy extinguida, emparentada con el megaterio pero de menores dimensiones: se supone que pesaba aproximadamente 3 toneladas. Habitaba la zona subandina patagónica.

Desde luego, surge la interrogación respecto de cuál era la vegetación propia de aquellos tiempos, si era entonces el paisaje tan pobremente estéril como ahora. Inicialmente, creía yo que la vegetación arcaica se parecía a la actual con la mayor probabilidad, debido al crecido número de conchas sepultadas junto con las osamentas, conchas que eran semejantes a las de los organismos que viven actualmente en la bahía. Sin embargo, dicha idea hubiese resultado francamente arriesgada, dado que algunas variedades de esas conchas pueden ser apreciadas en las costas brasileñas, caracterizadas por su fertilidad. Asimismo, las características de los seres marinos no posibilita juzgar cuáles son las de los organismos terrestres.

Empero, las consideraciones que siguen me llevan a suponer que el mero hecho de la existencia en las planicies de Bahía Blanca de tanta cantidad de cuadrúpedos colosales no establece prueba alguna de la presencia simultánea de una vegetación abundante. Inclusive, estoy dispuesto a estimar que la región estéril, situada más al sur, cercana al Río Negro, cuyos árboles espinosos se hallan dispersos por un punto y el otro, sería suficiente como para alimentar a un crecido número de grandes cuadrúpedos.

"Los animales de gran tamaño precisan, para su manutención, de una vegetación que sea abundante"; es éste un lugar común y repetido, una sentencia que se aprecia en una obra y en otra. Muy bien: yo no dudo en afirmar que es un juicio por completo infundado y que tal aseveración ayudó –y mucho– a confundir el pensamiento de gran número de geólogos, respecto de varios aspectos que resultan del mayor interés en relación a la historia del mundo arcaico. Indudablemente esta conclusión se ha extraído a partir de lo observado en la India y las islas del Archipiélago Índico, regiones donde, invariablemente, se contempla cómo los elefantes se desplazan en manadas a través de densos bosques y juncales inaccesibles. Contrariamente, si leemos un relato de viaje cualquiera sea su autor, referido a itinerarios realizados a través del sur de África, en todas sus partes apreciaremos referencias bien claras a la característica aridez del terreno y a la gran cantidad de grandes cuadrúpedos que lo pueblan. Las abundantes muestras del interior de la región que han sido recogidas no hacen más que confirmarlo. Aprovechando una parada del Beagle en Ciudad del Cabo alcancé a realizar una incursión de varias jornadas por el interior de Sudáfrica, lo suficientemente extensa como para apreciar yo mismo las características regionales que había leído con anterioridad.

El doctor Andrew Smith[21], quien al frente de su temeraria expedición logró cruzar el trópico de Capricornio, me señala que, en su conjunto, la región sureña de África es definitiva e indudablemente estéril. Existen bellos bosques en las costas meridionales y en las del sudeste, mas fuera de estas dos excepcionales áreas, muy frecuentemente se transita durante jornadas enteras a través de praderas de rala y muy pobre vegetación. Es muy arduo establecer una noción exacta de la gradación de la fertilidad, comparadas las diferentes posibilidades que ésta ofrece, mas estimo que no estoy lejos de la realidad si afirmo que la cantidad de vegetación presente en un momento determinado (*N. del A.:* Hago uso de estas palabras sin intención de indicar la cantidad total que progresivamente ha podido producirse y consumirse durante un período cualquiera) en la Gran Bretaña es tal vez una decena de veces mayor que aquella que existe en una superficie similar correspondiente al interior de África del Sur. Que carretas

21 Sir Andrew Smith, nacido el 3 de diciembre de 1797 en Hawick y fallecido el 12 de agosto de 1872, fue un cirujano, explorador y zoólogo escocés. Su encuentro con Charles Darwin en Ciudad del Cabo se produjo en mayo de 1836. Sus observaciones del interior de África del Sur se plasmaron en su libro *Illustrations of the Zoology of South Africa,* escrito entre 1838 y 1850. Se lo considera como el padre de la zoología de África meridional, región que exploró al frente de numerosas expediciones.

arrastradas por tiros de bueyes puedan atravesar esta región en cualquier dirección, salvo a través de la porción que recorre la costa, y que apenas sea necesario de tanto en tanto detenerse –como mucho, media hora– para abrirle paso a las carretas a través de los matorrales, da una muy apropiada idea de lo pobre que resulta ser la vegetación local. Asimismo, si examinamos los animales que habitan en esas extensas praderas, arribamos rápidamente a la conclusión de que su cantidad es fuera de lo común y los individuos que la componen poseen un tamaño colosal.

Efectivamente, nos alcanza con nombrar entre las especies locales al elefante; 3 variedades de rinocerontes –las que llegan a 5, según estima el doctor Smith– el hipopótamo; la jirafa; el Bos cafer[22], de tamaño tan grande como el los mayores toros; el tapir, algo inferior en tamaño; 2 especies de cebras; el quaccha[23]; 2 especies de Gnous[24] y algunas especies de antílopes que alcanzan todavía un desarrollo mayor que estos últimos animales. Se podría arriesgar que, pese a que las especies resulten ser numerosas, los individuos que las conforman sólo existen en un número muy corto. Pero contra ello, gracias a la gentileza del doctor Smith, puedo argumen-

---

22 Búfalo cafre, una variedad de grandes bovinos salvajes propios de Sudáfrica, aunque presente también en otras regiones del mismo continente, caracterizada por su gran tamaño y fiereza. Alcanza a pesar casi una tonelada.

23 El quagga (Equus quaccha) era una subespecie –hoy extinta– de la cebra común. Se caracterizaba por su pelaje de color pardo rojizo y sin rayas en el lomo y los cuartos traseros, cruzado por rayas negras en la jeta, el cuello, los costados y las crines. En 1836, cuando Charles Darwin visitó Sudáfrica, el quagga todavía formaba grandes manadas que recorrían la región, pero la despiadada caza que les dieron los holandeses e ingleses que colonizaron África del Sur terminó por extinguirlo en 1870.

24 Popularmente conocido como ñu, es un género de antílopes africanos que incluye sólo 2 especies vivientes: el ñu negro (Connochaetes gnou) y el ñu azul (Connochaetes taurinus).

tar que nada de esto es realidad. Me informa Smith que a los 24 grados de latitud tuvo oportunidad de observar, en un día de marcha, con su carreta tirada por bueyes y sin alejarse demasiado a la derecha ni a la izquierda, un número que oscilaba entre 100 y 150 rinocerontes correspondientes a 3 especies; esa misma jornada pudo observar a varias manadas de jirafas, compuestas por una centena de individuos. Pese a que no vio elefantes, están también presentes en la región de referencia. A una hora de camino desde su campamento de la noche anterior, sus hombres habían abatido a 8 hipopótamos en el mismo sitio y avistado muchos más. En ese río había asimismo numerosos cocodrilos. Desde luego, esa reunión de tantos animales de gran tamaño en un mismo lugar constituye un hecho de excepción, pero como mínimo demuestra que deben existir en crecido número tales bestias. El doctor Smith agrega que la región recorrida en aquella jornada: "*era notablemente pobre en cuanto a hierbas; había algunos matorrales de poco más de un metro de altura y escasos árboles. Como mucho, algunas mimosas*". Las carretas podían avanzar prácticamente siguiendo una línea recta.

Además de estas grandes bestias, cualquiera que conozca algo de la historia natural del Cabo de Buena Esperanza sabrá que permanentemente se encuentran manadas de antílopes, tan numerosas que sólo puede comparárselas con las bandadas de aves que migran. El número de leones, leopardos, hienas y aves rapaces señala suficientemente cuán crecida debe ser la abundancia de pequeños cuadrúpedos. El doctor Smith contó cierto día hasta 7 leones que rondaban en torno de su campamento y, como me ha narrado este sabio naturalista, todos los días debe tener lugar una carnicería tremenda en África del Sur. Admito que me pregunto a mí mismo, sin poder respondérmelo, cómo tanta cantidad de animales pueden hallar de qué alimentarse en una región que produce tan poco alimento. Indudablemente los grandes cuadrúpedos recorren cada jornada inmensas distancias en busca de alimento e ingieren, en particular, vegetales de escaso tamaño, plantas que brindan mucha nutrición concentrada en un breve volumen. El mismo doctor Smith me hace la advertencia de que el ritmo de crecimiento de la vegetación es muy veloz y que, apenas queda raleado de ella un lugar, torna a cubrirse de nuevas plantas. Asimismo, no hay duda alguna de que se han admitido nociones extremadamente exageradas respecto de qué cantidad de nutrientes es necesaria para alimentar a los cuadrúpedos más voluminosos. En vez, hubiese sido útil recordar que una bestia del porte que posee el camello se ha constituido en el emblema mismo de los más áridos desiertos.

Esa aseveración de que necesariamente tiene que ser muy abundante la vegetación en las áreas habitadas por los grandes cuadrúpedos resulta tanto más notable si tomamos en cuenta que la recíproca está muy lejos de la verdad. Mr. Burchell[25] me ha señalado que habiendo arribado a Brasil ningún otro detalle le resultó tan chocante como el contraste entre el esplendor de la vegetación en la América del Sur y la pobreza vegetal de África meridional, amén de la falta de grandes cuadrúpedos. En sus *Viajes* (*N. del A.: Travels in the Interior of South Africa*, tomo 11, pág. 207) establece una comparación que resultaría ser del mayor interés si se contara con los datos imprescindibles para establecerla: la de los pesos respectivos de igual número de los más grandes cuadrúpedos herbívoros de cada continente. Si tomamos en consideración, por un lado, el elefante (*N. del A.:* El peso de un elefante muerto en Exeter-Change se estimó [sólo fue pesada una parte de él] en 5 toneladas y media [5.582 kg]. La hembra del elefante me refirieron que pesaba una

25 William John Burchell, nacido el 23 de julio de 1782 en Fulham, Inglaterra, y fallecido en México el 3 de marzo de 1863, fue un naturalista, ilustrador y explorador británico que realizó numerosas expediciones en África y América, descubriendo una gran cantidad de nuevas especies animales.

tonelada [1.015 kilos] menos que el macho. Por ello debemos suponer que un elefante que alcanzó su completo crecimiento pesa, como término medio, 5 toneladas [5.075 kilos]. En los Surrey Gardens me han dicho que un hipopótamo enviado a Inglaterra pesaba, una vez descuartizado, 3 toneladas y media [3.552 kilos]; supongamos 3 toneladas [3.045 kilos]. Una vez establecido lo anterior, podemos atribuirle un peso de 3 toneladas y media a cada uno de los 5 rinocerontes [3.552 kilos]; una tonelada [1.105 kilos] a la jirafa, y media tonelada [507 kilos] al Bos cofer, así como al tapir. Según esta estimación, se llega a una proporción de 2 7/10 [2.740 kilos] como peso medio para cada uno de los 19 mayores herbívoros propios de África del Sur. En lo que respecta a América meridional, si se establece un peso de 544 kilos para los tapires tomados en su conjunto; 249 kilos para el guanaco y la vicuña; 227 kilos para tres ciervos; 135 kilos para el capibara, el pecán y un mono, se alcanza un promedio de 113 kilos, lo que resulta exagerado. Por lo tanto, la proporción sería como de 6.048 = 250 o 24 = 1, para los 10 animales más grandes de ambos continentes), el hipopótamo, la jirafa, el Bos cafer, el tapir, 3 especies ciertamente de rinocerontes (probablemente 5), y por parte de la América 2 especies de tapires, el guanaco, 3 especies de ciervos, la vicuña, el pecarí, el capibara (luego de lo cual nos veremos en la obligada circunstancia de tener que elegir uno de los monos, para completar el número de los 10 animales mayores) y después colocamos uno frente a otro a esos dos grupos, resulta arduo imaginarse tamaños que resulten ser más desproporcionados. Tras considerar lo antedicho estamos obligados, pese a todo cuanto pueda parecer una probabilidad anterior (*N. del A.:* Supongamos que no se conoce ningún tipo de cetáceo y que, repentinamente, se descubren los restos fósiles de una ballena en Groenlandia. ¿Qué naturalista se animaría luego a sostener que un animal tan gigantesco solamente se alimentaba de crustáceos y moluscos casi invisibles, pues tan diminutos resultan ser, que habitan en los mares helados del norte?), a decir que, en lo que respecta a los mamíferos no existe relación inmediata de ninguna clase entre el tamaño de las especies y la cantidad de la vegetación en las regiones donde aquéllas moran.

Por cierto: no hay ninguna porción del globo terrestre que pueda ser comparada con África meridional en lo que hace al número de los grandes cuadrúpedos que la habitan; empero –tal como lo señala el conjunto de los relatos de los viajeros– es del todo imposible negar que esta región es prácticamente un desierto.

En Europa precisamos remontarnos hasta la era terciaria para hallar entre los mamíferos un estado de cosas que resulte similar –al menos, en algunos aspectos– a lo que actualmente caracteriza al Cabo de Buena Esperanza. Estimamos que los grandes animales proliferaban en la era terciaria, dado que hallamos acumulados en ciertos lugares restos que tal vez llevaban allí muchísimas centurias, mas no pienso que en aquellos tiempos viviese un número mayor que el de los presentes actualmente en África del Sur. Finalmente, si lo que deseamos es establecer las condiciones de la vegetación en aquellos períodos, al ver el que existe hoy, particularmente, en el Cabo de Buena Esperanza, vamos a arribar a la conclusión de que una vegetación particularmente abundante no era un requisito indispensable de modo alguno.

Sabemos (*N. del A.:* Ver *Zoological Remarcks to capt Backs Expedition,* por el Dr. Richardson, quien manifiesta: "A los 50º latitud Norte, el suelo está continuamente congelado; en la costa, el deshielo no llega más allá de un metro; y en Bear-Lake (64° latitud norte) no alcanza al medio metro. El subsuelo congelado no daña la vegetación, dado que espléndidos bosques cubren la superficie a cierta distancia de la costa) que en las regiones más boreales de la América del Norte, muchos grados más allá del límite donde el suelo permanece siempre congelado a un metro de profundidad, crecen bosques de elevados y bellos árboles. En Siberia (*N. del A.:* Ver Humboldt, *Fragmentos asiáticos*, pág. 386; Barton, *Geografía de las plantas*, y Malte-Brun. Este último sostiene que en Siberia el límite final del crecimiento arbóreo son los 70º de latitud Norte) asimismo encontramos bosques compuestos por olmos, abetos, pobos y alerces, a una latitud de 64º, donde la temperatura media del aire se encuentra bajo cero y la tierra está tan enteramente helada que el cadáver de un animal sepultado en ella se conserva perfectamente. Tomando solamente en cuenta la cantidad de vegetación, es posible establecer, sobre la base antedicha, que los grandes cuadrúpedos del terciario podían vivir en la mayor parte de Europa y del Asia del Norte, donde encontramos actualmente sus despojos. No me refiero aquí a la calidad de vegetación que necesitaban para su nutrición, dado que considerando que se han producido transformaciones de carácter físico y habiéndose extinguido sus estirpes, resulta posible establecer la suposición de que las mismas variedades vegetales han podido sufrir, asimismo, mutaciones.

Voy a sumar a esto que lo observado se aplica de modo directo a los animales hallados en Siberia conservados en el hielo. La seguridad de que para que unos animales de tales dimensiones lograran sobrevivir era precisa, en absoluto, una vegetación con características semejantes a la que crece en los trópicos, y la imposibilidad de conciliar esto con la presencia cercana de hielos permanentes, han sido las bases fundamentales de las abundantes teorías formuladas para intentar explicar la sepultura en el hielo de esas bestias, en medio de súbitas metamorfosis climáticas y tremendas catástrofes.

No estoy lejos de suponer que el clima no ha variado desde los tiempos en que vivían esos animales que actualmente encontramos sepultados en los hielos. De todos modos, lo que voy a demostrar es que, en aquello que se relaciona no solamente con la cantidad de los alimentos, los arcaicos rinocerontes hubiesen podido sobrevivir en las estepas centrales siberianas –las regiones situadas más al norte, seguramente, estaban en aquel tiempo inundadas– admitiendo que dichas estepas estuvieran por entonces en el mismo estado actual. De manera semejante, los rinocerontes y elefantes actuales subsisten en los *karros*[26] de África del Sur.

A continuación voy a describir los hábitos de las aves más interesantes y aquellas que se suele encontrar en las praderas vírgenes del norte de la Patagonia. Primeramente voy a referirme a la de mayor tamaño entre todas: el avestruz de la América del Sur. Las costumbres del avestruz son notorias. Estas grandes aves se nutren de vegetales, tales como hierbas y raíces, mas en Bahía Blanca presencié frecuentemente cómo 3 o 4 de estas aves se dirigían con la marea baja a la orilla marina y exploraban los montones de barro, entonces en seco, con el objetivo –así lo aseguran los gauchos– de engullir pequeños peces. Pese a que el avestruz es un ave tímida, desconfiada y amante de la soledad, y a que corre muy rápidamente, los indios y los gauchos lo capturan con cierta facilidad empleando boleadoras. Apenas varios jinetes se disponen en círculo, los avestruces se aturden y no saben por dónde escapar; entonces eligen correr en dirección contraria a la del viento. Los avestruces extienden las alas tomando impulso, y así semejan un barco con las velas bien tendidas. En un bello y caluroso día vi a varios avestruces ingresar en una ciénaga cubierta de altos juncos, donde permanecieron escondidos hasta que llegué a un punto muy cercano a ellos. Es poco conocido que los avestruces se lanzan sin dificultad a las aguas. Mr. King me informa que en Bahía San Blas y Puerto Valdés, Patagonia, observó a estas aves nadar de una isla hasta la otra sin mayores dificultades. Ingresaban en el agua apenas eran acorraladas y

26 Nombre que se da en Sudáfrica a unas llanuras elevadas y estériles, propias de su geografía interior.

no les quedaba otra vía de escape. Asimismo suelen hacerlo por su propia voluntad, cruzando a nado una distancia cercana a los 300 metros.

Cuando nadan no se ve de ellos sino una porción muy escasa; extienden el cuello hacia adelante y avanzan muy lentamente. En dos ocasiones observé a unos avestruces cruzar el río Santa Cruz por un sitio donde tiene unos 400 metros de ancho y la corriente muy rápida. El capitán Sturt (*N. del A.:* Sturt: *Viajes*, tomo 11, pág. 74), al bajar por el río Murrumbidgee, en Australia, vio a 2 variedades de avestruces disponiéndose a nadar.

La gente del país distingue con toda facilidad, incluso a gran distancia, el macho de la hembra. El macho es más grande que ésta, ofrece colores más oscuros (*N. del A.:* Un gaucho me aseguró haber observado en cierta ocasión una variedad tan blanca como la nieve, un avestruz albino, y añadió que era un espléndido animal) y tiene el cráneo más grueso. El avestruz –estimo que exclusivamente el macho– emite un grito raro, grave, de tono sibilante; la primera vez que lo oí yo andaba entre unos montecitos arenosos y atribuí aquel sonido a alguna bestia feroz, pues resulta de tal índole, que no puede definirse de dónde proviene ni desde qué distancia es emitido. Encontrándonos en Bahía Blanca en septiembre y octubre, di con un crecido número de huevos diseminados por todas partes. En ciertas ocasiones se encuentran aislados por allí y por allá; los avestruces no incuban esos huevos y los españoles los llaman "guachos"; en otras, los huevos se hallan juntos, depositados en pequeños pozos que constituyen el nido. Vi 4 de estos nidos y observé que 3 de ellos contenían 22 huevos cada uno, contando con 27 el cuarto nido. En una sola jornada de caza a caballo hallé 64 huevos: 44 en 2 nidos y los otros 20 "guachos", diseminados por aquí y por allá. Todos los gauchos afirman –yo no tengo por qué desestimar sus aseveraciones– que es el macho quien exclusivamente incuba los huevos y acompaña a la progenie durante cierto tiempo, una vez que ésta abandonó el cascarón. El macho en postura de incubación se encuentra completamente echado al nivel del suelo, y una vez hice pasar mi caballo prácticamente por encima de uno de ellos. Me dijeron que en el transcurso de este período resultan ser estas aves muy feroces, inclusive peligrosas, y que hasta se las ha visto atacar a un jinete, tratando de saltar sobre él. Mi guía me presentó a un anciano que había sido perseguido de tal modo y a quien le costó mucho esfuerzo librarse de la enfurecida ave. Advierto que Burchell señala, en el relato de su travesía por África del Sur: "*He matado a un macho de avestruz, de plumaje muy sucio; uno de los hotentotes*[27] *me ha dicho que se encontraba incubando*". Está en mi conocimiento que el macho de la especie existente en el jardín zoológico británico también incuba los huevos; por consiguiente, dicho hábito resulta común a toda la familia.

Los gauchos afirman invariablemente que varias hembras realizan su postura en un mismo nido. Me han asegurado haber visto a 4 o 5 hembras ir una tras otra, en el medio del día, a poner en un solo nido.

Agrego que asimismo en África es creencia común que en el mismo nido ponen 2 o más hembras (*N. del A.:* Burchell: *Viajes,* tomo I, pág. 280). Aunque puede resultar muy rara esta costumbre, estimo yo que es fácil señalar cuál es su origen. El número de huevos en el nido oscila entre 20 y 40, hasta un máximo de 50; de acuerdo con Azara[28], un nido

27 Grupo étnico de costumbres nómadas, propio del África sudoriental, particularmente de Botswana y Namibia. Fueron el primer pueblo nativo con el que se encontraron los europeos al llegar al África del Sur.

28 Félix de Azara, nacido el 18 de mayo de 1742 y fallecido el 20 de octubre de 1821 en Huesca, España. Fue militar, ingeniero, explorador, cartógrafo y naturalista. Sus viajes por América le permitieron describir medio millar de especies, siendo al menos la mitad de ellas hasta entonces desconocidas en Europa.

contiene en ciertas ocasiones hasta 70 u 80 huevos. El número de huevos encontrados en un solo paraje, tan considerable en proporción al número de avestruces que lo habitan, y según el estado del ovario de la hembra, son factores que parecen señalar que ésta pone un crecido número de huevos durante cada temporada, mas que dicha puesta debe de ser realizada con suma lentitud y dura mucho tiempo. Por ello es que Azara (*N. del A.:* Azara; tomo IV, pág. 173) señala que una hembra domesticada realizó una puesta de 17 huevos, con un intervalo de 3 días entre cada una de las posturas. Consecuentemente, si la hembra los incubase ella sola, los primeros huevos seguramente se pudrirían. Contrariamente, si varias hembras se ponen de acuerdo (el hecho lo dan todos por comprobado) y cada una de ellas va a poner sus huevos en diversos nidos, es factible que todos los huevos de un nido tengan la misma edad. Si –como yo lo creo– el número de huevos en cada nido equivale, por término medio, a la cantidad que pone una hembra durante una temporada, debe haber tantos nidos como hembras haya; y cada macho contribuye por su lado a la incubación, en una época en que las hembras no podrían hacerlo porque no han terminado de realizar, todavía, sus posturas (*N. del A.:* Asimismo, Lichtenstein menciona [*Travels*, tomo II, pág. 25] que la hembra del avestruz comienza a incubar apenas ha alcanzado a poner entre 10 y 12 huevos y que continúa su puesta en otro nido, según mi suposición. Esto me resulta demasiado improbable. Afirma que 4 o 5 hembras se asocian para incubar con la ayuda de un macho y que éste sólo lo hace durante la noche). Ya señalé la gran cantidad de huevos abandonados o guachos: 20 encontré en un solo día. Resulta extraño que terminen desechados tantos huevos. ¿Dependerá ello de las dificultades que tengan para asociarse varias hembras y hallar un macho que se avenga a hacerse cargo de la incubación? Resulta claro que, al menos, un par de hembras deben asociarse hasta determinado punto;

pues en caso contrario los huevos terminarían diseminados por esas praderas extensas, distantes demasiado los unos de los otros como para que el macho alcance a reunirlos en un solo nido. Algunos autores son de la opinión de que los huevos diseminados sirven como nutrición para las crías, mas yo dudo de que esto sea así, al menos en América, dado que los huevos guachos se encuentran generalmente en estado de putrefacción, aunque enteros.

Cuando investigué en el Río Negro, en la Patagonia sur, frecuentemente me señalaban los gauchos la existencia de un ave muy extraña, a la cual llamaban "avestruz petiso"[29].

Menos abundante que el avestruz común, que es muy numeroso en esas regiones, se le parece en muchos aspectos. De acuerdo con los naturales que habían observado a las 2 especies, el avestruz petiso es de un color más oscuro, más "tordillo"[30] que el avestruz común. Sus patas son de menor longitud que el avestruz común y sus plumas caen más por debajo que en éste. Asimismo, se refiere a que resulta más fácil de capturar empleando las boleadoras y también que ambas variedades pueden ser diferenciadas desde muy lejos. Empero, los huevos de la variedad más pequeña resultan ser más conocidos, por lo habitual, y, sorprendentemente, son hallados en una cantidad similar a la del avestruz común, aunque su forma resulta ser diferente y su matiz ligeramente azul.

Esta especie es poco frecuente en las praderas vecinas al Río Negro, pero abundante a un grado y medio más al sur. Durante mi excursión a Puerto Deseado, localidad situada en la Patagonia, a una latitud de 48º, Mr. Martens mató a un

29 Darwin se refiere al ñandú petiso (Pterocnemia pennata), también llamado suri, ñandú del norte o choique, de menor tamaño que el ñandú común, y que es propio de la Patagonia.

30 Término empleado por los hombres de campo, en Argentina, habitualmente para referirse al pelaje de los caballos.

avestruz hembra. Examiné aquel ejemplar y concluí que se trataba de un avestruz común, todavía no plenamente desarrollado. Asunto muy extraño y que aún no puedo explicar, en aquella instancia no se me ocurrió la idea de los avestruces petisos. El ave fue cocinada y comida antes de que aquella idea acudiera a mi mente. Por suerte la cabeza, el cuello, las patas, las alas, una buena proporción de las plumas grandes y de la piel se habían conservado y así pude reconstruir un espécimen casi completo, que se encuentra actualmente en el Museo de la Sociedad Zoológica. Cuando Mr. Gould describió esta nueva especie, me hizo el honor de darle mi nombre.

En el Estrecho de Magallanes encontré en medio de los patagones[31] a un mestizo que convivía desde hacía mucho con la tribu, aunque había nacido en las provincias norteñas. Le pregunté si había oído hablar del avestruz petiso y el referido me contestó: *"¡Pero si no hay otros en las provincias sureñas!"*. Mi interlocutor me informó que los nidos de esta especie de avestruces tienen muchos menos huevos que los de la otra. Ciertamente, no se encuentran más de 15 por término medio, pero el mismo informante me aseguró que provienen de diversas hembras. Vimos varias de esas aves en Santa Cruz; son extremadamente salvajes y yo estoy persuadido de que tienen una visión tan aguda que esas aves pueden divisar a cualquiera que se les acerque mucho antes de que puedan ser siquiera distinguidas.

Observamos muy pocos ejemplares al remontar el río, mas en el curso de nuestro veloz descenso apreciamos bandadas de 4 o 5. Esta ave no extiende sus alas al tomar carrera, como sí lo hace la otra especie. Concluyendo, puedo expresar que el Struthio rhea habita en la región del Plata hasta los 41º de latitud, un poco al sur del Río Negro, y que el Struthio

31 Etnia originaria americana que habitaba el sur de la Argentina, también denominada tehuelche o aonikenk.

darwinii vive en la Patagonia sureña; el valle del Río Negro resulta ser un territorio neutral, donde se hallan las 2 especies.

Cuando A. d'Orbigny[32] (*N. del A.:* Durante nuestra permanencia en el río Negro, oímos hablar mucho de los inmensos trabajos de este naturalista. Desde 1825 a 1833, M. Alciades d'Orbigny atravesó varias partes de América del Sur, donde reunió una extraordinaria colección. Luego publicó los resultados de esos viajes con una esplendidez que definitivamente le hace ocupar, después de Humboldt[33], el primer sitial en la nómina de los viajeros por América) estuvo en el Río Negro, hizo los mayores esfuerzos para conseguir un espécimen de esta ave, pero todos sus trabajos fueron en vano. Hace ya mucho, Dobrizhoffer[34] señalaba la existencia de 2 especies de avestruces, afirmando: *"Asimismo deben conocer que el tamaño y los hábitos de los avestruces resultan ser diferentes en las distintas regiones del país. Los que viven en las planicies de Buenos Aires y de Tucumán son más grandes y tienen plumas blancas, negras y grises, en tanto que aquellos que habitan en las*

---

32 Alcide Charles Victor Marie Dessalines d'Orbigny, nacido en Couëron el 6 de septiembre de 1802 y fallecido en Pierrefitte-sur-Seine el 30 de junio de 1857, fue un naturalista, paleontólogo y explorador francés. Viajó por Sudamérica comisionado por el Museo de Historia Natural de París para realizar su exploración científica y plasmó sus experiencias en su obra *Voyage en Amérique méridionale,* publicada en París, en 11 volúmenes, entre 1835 y 1847.

33 Friedrich Wilhelm Heinrich Alexander Freiherr von Humboldt, nacido en Berlín el 14 de septiembre de 1769 y fallecido el 6 de mayo de 1859, fue un geógrafo, astrónomo, humanista, naturalista y explorador alemán, considerado como el padre de la geografía moderna.

34 Martin Dobrizhoffer, nacido en Graz, Estiria, el 7 de septiembre de 1717 y fallecido en Austria el 17 de julio de 1791, fue un sacerdote austríaco de la orden jesuita que realizó labor misionera en Sudamérica. Recogió esas experiencias en su obra *Historia de Abiponibus equestri, bellicosaque Paraquariae natione* (Historia de los abipones, ecuestre y belicosa nación del Paraguay), publicada en 1784.

*cercanías del Estrecho de Magallanes son más pequeños y bellos, dado que sus plumas blancas tienen el extremo negro y recíprocamente*" (*N. del A.: Account of the Abipones*, 1749, tomo I, pág. 314. Traducción inglesa).

Aquí se halla en abundancia un pajarito muy extraño, el Tinochorus rumicivorus. En atención a sus hábitos y su apariencia general, resulta muy parecido a la codorniz y la becada, por diferentes que resulten ser, entre sí, ambas aves. Al Tinochorus se lo halla en todo el sur de la América meridional, allí donde existan planicies áridas o cubiertas de pastos secos. Habitan en parejas o reunidos en pequeñas bandadas los parajes más desolados, aquellos donde muy pocas especies animales alcanzarían a subsistir. Si nos aproximamos a estas avecillas éstas se aplastan contra el suelo, lo que hace que sea muy difícil distinguirlas; cuando buscan comida, se desplazan muy lentamente y con las patas abiertas. En los sitios arenosos y los caminos se cubren de polvo; hay sitios donde es muy frecuente encontrarlos a diario.

De igual modo que las perdices, acostumbran lanzarse al vuelo en bandada. Tomando en cuenta todos estos aspectos, sumados a su musculosa molleja –propia de una nutrición animal– así como lo arqueado de su pico, lo carnoso de sus orificios nasales, sus breves patas y la forma de sus pies, el Tinochorus se asemeja grandemente a la codorniz. Mas en cuanto este pájaro se lanza a volar, todo su aspecto se transforma y entonces se parece a la becada, por sus largas alas terminadas en punta –tan diferentes de las propias de las gallináceas– su vuelo irregular, el sonido quejumbroso que lanza cuando se echa a volar. Tanto es así, que los cazadores a bordo del Beagle no lo llamaban de otro modo que como "becada de pico corto".

Efectivamente, el esqueleto del Tinochorus demuestra que es un pariente muy próximo de la becada, un miembro de la familia ornitológica a la que ella corresponde. El Tinochorus tiene mucha afinidad con ciertas aves de América del Sur. Dos especies del género Attagis poseen, desde todas las ópticas posibles, los mismos hábitos que el chorlito. Una de esas especies vive en la Tierra de Fuego, en parajes ubicados más allá de la frontera boscosa; la otra exactamente debajo de donde llegan las nieves cordilleranas, en la porción central de Chile. Otra ave, de un género muy próximo, denominada Chionis alba, habita en la región antártica alimentándose de plantas marinas y moluscos que busca entre las piedras que la marea cubre y descubre continuadamente. Pese a que carece de pies palmeados, es frecuente dar con ella en mar abierto, muy lejos de la costa, por causas todavía desconocidas.

Esta corta familia de aves es una de las que ofrecen las mayores dificultades para su clasificación zoológica en la actualidad, debido a los tantos detalles que la emparentan con otras familias. Sin embargo, quizá sirvan para darnos una explicación de la espléndida planificación –tan propia del tiempo presente como del pretérito– que rige la creación de los seres organizados.

El género Furnarius abarca diversas especies, todas conformadas por aves de pequeño tamaño que habitan en el suelo y son propias de las regiones de clima seco y geografía plana. Su conformación no hace posible su comparación con alguna especie propia de Europa. Los ornitólogos las han incluido habitualmente entre las trepadoras, aunque sus hábitos son casi completamente diferentes. La especie más conocida es el ave de horno, habitual en el Plata, llamado "casara" o constructor de casas, por los españoles.

Esta ave coloca su nido –del que proviene su nombre– en los sitios más abiertos, como por ejemplo el extremo de una estaca, la desnudez de una peña o la cima de un cactus. Ese nido está hecho de barro y paja y son sus paredes muy gruesas y sólidas; su forma es la misma de un horno o una colmena achatada. La abertura es ancha y abovedada; frente de esa abertura, en el interior, se presenta un tabique que sube casi hasta llegar al techo, conformando de tal modo un corredor o una antecámara que antecede a la cámara del nido.

Otra especie de menor tamaño –el Fornarius cunicularius– se parece al ave de horno por su color, generalmente de un matiz rojizo, así como por su grito agudo, raro y repetido; también por su característico hábito de correr dando cortos saltos. Observando esta particularidad, los españoles denominan a esta avecilla "casarita", aunque fabrica su nido de un modo por completo diferente. La casarita construye el suyo al final de un angosto agujero cilíndrico que, según se dice, se extiende horizontalmente hasta casi dos metros por debajo del suelo. Algunos campesinos me refirieron que, cuando eran jóvenes, habían intentado hallar estos nidos, pero que en muy pocas ocasiones habían logrado llegar hasta el final del pasadizo. Esta ave suele elegir para situar su nido un monte bajo cuyo terreno sea arenoso y resistente, de preferencia ubicado a orillas de un camino o un curso de agua.

En Bahía Blanca los muros que rodean las viviendas están hechos de barro endurecido y yo alcancé a observar que el cerco del patio de la casa donde me alojaba se encontraba agujereado en muchas partes por unos huecos redondos. Inquirí al dueño por la causa de esa peculiaridad, y éste se quejó acremente contra el casarita. Muy seguido puede apreciar, luego, a varios de estos pajaritos en pleno trabajo. Es muy curioso observar qué incapaces son estas aves de apreciar el espesor de una masa cualquiera: pese a que permanentemente revoloteaban por arriba de la pared, insistían en cruzarla de lado a lado, suponiendo sin lugar a dudas que ésta era un montecito muy conveniente para disponer en él sus nidos. Estoy plenamente persuadido de que cada una de esas aves se asombraría de salir a plena luz al otro lado de la tapia.

Ya enumeré casi la totalidad de los mamíferos que existen en el país. Se encuentran en él tres especies de armadillos: el Dasypus minutus o "pichi", el Dasypus villosus o "peludo" y el Apar.

El primero se halla a 10 grados más al sur que todas las otras especies; una cuarta especie, la "mulita", no llega hasta Bahía Blanca. Las 4 especies tienen casi por completo hábitos similares. Empero, el peludo es una criatura de costumbres nocturnas, mientras que las otras vagabundean de día por las planicies en busca de escarabajos, larvas, raíces y también pequeñas serpientes. El Apar –al que acostumbran denominar "mataco"– posee la notable particularidad de no tener más que 3 bandas móviles; el resto del carapacho es prácticamente rígido. Posee la capacidad de arrollarse sobre sí mismo, tornándose similar a una pelota, como lo hace una especie de cochinilla británica. En tal disposición el ataque de los perros en nada puede dañarlo; éstos no alcanzan a aferrarlo con sus mordiscos, dado que sus dientes son incapaces de aferrar esa pelota que, frente a ellos, rueda inapresable. El carapacho duro y liso del mataco constituye para él una defensa superior a las púas del erizo.

Al pichi le agradan los parajes donde la sequedad es muy alta, particularmente los médanos arenosos cercanos al mar, que no pueden brindar ni una gota de agua durante largos meses. Esta criatura suele volverse invisible al aplastarse contra el suelo. En mis diarias excursiones por las proximidades de Bahía Blanca, yo solía encontrar muchos ejemplares de pichi.

Si se desea atrapar una de estas criaturas, es necesario no apearse sino arrojarse del caballo, debido a que si el terreno no resulta ser excesivamente duro, el animal cava tan rápidamente en él que sus cuartos traseros desaparecen en el hueco antes de que uno haya tenido siquiera tiempo de poner pie en tierra.

Definitivamente remuerde la conciencia matar un animal tan bello, pues como me decía un gaucho al descuartizar un ejemplar: "*¡Son tan mansitos!*".

Existen en el área numerosas especies de reptiles. Una serpiente presente en la región –un Trigonocephalus o Cophias– debe ser muy peligrosa, según lo indica el tamaño del canal ponzoñoso de sus colmillos. Contra lo que argumentan ciertos naturalistas, Cuvier establece la clasificación de esta serpiente en un subgénero de la víbora de cascabel y la ubica entre ésta y la víbora común. Observé algo que confirma esta opinión, un hecho muy curioso e instructivo, que demuestra de qué modo tiende a cambiar lentamente cada característica, incluso cuando tal característica pueda –dentro de determinado límite– resultar independiente de la conformación. El extremo de la cola de esta serpiente termina en una punta ligeramente ensanchada; cuando el animal se arrastra por el terreno, hace vibrar permanentemente el extremo caudal; éste, al golpear contra las hierbas secas y los arbustos, genera un sonido que se percibe con nitidez encontrándose a 2 metros de distancia. En cuanto la serpiente tiene miedo o se enoja, agita la cola velozmente. Inclusive, ya muerto el animal, el cuerpo conserva el impulso de realizar este movimiento. Este trigonocéfalo, desde ciertas ópticas, tiene el aspecto de una víbora y los hábitos de una serpiente de cascabel, pero produce el sonido característico empleando un medio más simple. El semblante de esta serpiente tiene una expresión extremadamente feroz y horrible. La pupila es una hendidura vertical, ofreciendo un iris jaspeado y cobrizo; la base de las mandíbulas es ancha y el hocico termina en una proyección triangular. No creo haber visto nunca algo más horrible, salvo la jeta de algunos murciélagos vampiros. Me parece que este aspecto tan repelente estriba en que los rasgos fisionómicos están uno con respecto al otro prácticamente en la misma disposición que los del rostro humano, lo cual torna al conjunto singularmente horrendo (*N. del A.:* Esta serpiente es una nueva especie de Trigonocephalus, que Mr. Bibron[35] propone denominar T. crepitans).

Entre los batracios, me interesó mucho un pequeño sapo (Phrynircus nigricans) de un color muy extraño; puede imaginarse muy acabadamente su aspecto suponiendo que inicialmente se lo introdujera en tinta negrísima y a continuación se le posibilitara arrastrarse por una tabla que se acabase de pintar con un brillante bermellón, de manera que este color embadurnara las plantas de sus pies y a algunos sectores ventrales. Si esta especie no tuviese nombre aún, se haría acreedor definitivamente del de *diabolicus*, dado que es un batracio digno de conversar con Eva. En lugar de tener hábitos nocturnos y morar en huecos oscuros y húmedos, como la mayoría de los sapos, durante el día se arrastra bajo el calor más bochornoso sobre los montones arenosos y los llanos áridos, donde es imposible encontrar una gota de agua. Obligadamente debe aprovechar el rocío para hacerse de la humedad que necesita y que quizás absorbe a través de la piel, ya que es conocido que estos animales poseen una extraordinaria capacidad de absorción cutánea. Hallé un espécimen en Maldonado, en un paraje casi tan seco como las inmediaciones de Bahía Blanca; estimando que lo estaba favoreciendo grandemente, lo arrojé en un charco, mas entonces comprobé que esta criatura no solamente no sabe nadar, sino que de no darle yo socorro inmediato se hubiese ahogado.

Están presentes en la región numerosas especies de lagartos, mas solamente una de ellas –el Proctotretus multimaculatus– tiene hábitos que resultan llamativos. Mora sobre la arena seca, al borde del mar, y sus escamas son jaspeadas, oscuras, con manchas blancas, rojo-amarillentas y de un azul

35 Gabriel Bibron, nacido en el 20 de octubre de 1806 y fallecido el 27 de marzo de 1848, fue un zoólogo francés, empleado del Museo de Historia Natural de París, que se especializó en la clasificación de reptiles.

sucio; esta característica lo torna muy parecido al ambiente donde habita. Cuando este lagarto se asusta finge estar muerto y permanece inmóvil, con las patas estiradas, el cuerpo aplastado contra el suelo y los ojos cerrados. Mas si en tal estado se lo toca, se esconde velozmente en la arena. Este lagarto posee un cuerpo tan aplanado y son sus patas tan cortas, que resulta incapaz de correr rápidamente.

A continuación voy a referir algunas observaciones realizadas respecto de la invernada de los animales en esta porción de América del Sur. Cuando el 7 de septiembre de 1832 arribamos a Bahía Blanca, nuestra apreciación inicial fue que la naturaleza le había negado toda presencia de animales a esta región reseca y arenosa. Empero, al excavar la superficie hallé diversos insectos, grandes arañas y lagartos, todos en un estado de inanimación. El día 15 comenzaron a dejarse ver algunos otros animales, y el 18 –una quincena antes del equinoccio correspondiente– todo anunció el inicio de la primavera. Acederas de color rosa, guisantes salvajes, enotéreas y geranios, cubrieron de flores las praderas. Las aves comenzaron entonces a poner huevos.

Aparecieron abundantes insectos; lamelicornios y heterómeros, llamativos los últimos por su cuerpo tan hondamente esculpido, se arrastraban lentamente por el terreno, en tanto que la tribu de los lagartos, moradora habitual de los arenales, corría hacia los 4 rumbos.

Durante los primeros 11 días, mientras la naturaleza aún dormía, la temperatura media, establecida mediante observaciones realizadas cada 2 horas a bordo del Beagle, fue de 51° F, equivalentes a 10,5° C. En el mediodía, raramente ascendió el termómetro a más de 12,7° C.

Durante los otros 11 días que siguieron, cuando el conjunto de las criaturas reanudó su actividad, se elevó la temperatura media a 14,4° C; y al mediodía el termómetro indicaba de 15,5° C a 21,1° C. De tal modo era observable un incremento de 7° F (3,9° C) en la temperatura media, pero un aumento mayor del calor máximo alcanzó para despertar todas las funciones vitales.

En Montevideo, cuyo puerto acabábamos de abandonar, en 23 días –desde el 26 de julio hasta el 19 de agosto– la temperatura media, establecida gracias a 276 observaciones, subió a 14,6° C; el día más cálido presentó una temperatura de 18,6° C y la del día más frío 7,7° C. La medición más baja fue de 5,3° C y en ocasiones ascendió durante el día desde 20,5° C a 21,1° C. Pese a esta temperatura casi todos los escarabajos, varios géneros de arañas, los limacos, los moluscos terrestres, los sapos y los lagartos permanecían escondidos y durmiendo debajo de las piedras.

Contrariamente, en Bahía Blanca –que se encuentra a solamente 4° más de latitud al sur, y donde, como se observa, es muy corta la diferencia climática– acabamos de comprobar que esa misma temperatura, con un calor extremo algo menor, alcanzar para despertar a los animales pertenecientes a todos los órdenes. Esto demuestra cómo el estímulo que resulta necesario para hacer emerger a las criaturas de la inanimación producida por el invierno se rige admirablemente por el clima habitual de la región, en vez de por el calor absoluto. Resulta bien conocido que, en los trópicos, la somnolencia veraniega de los animales no está regida por la temperatura, sino por los estadios de sequía. Quedé muy asombrado al constatar, cerca de Río de Janeiro, que muchos moluscos y también insectos, todos ellos bien desarrollados y que debían encontrarse aletargados, poblaban en pocos días las pequeñas depresiones que habían estado repletas de agua. Humboldt narró un raro hecho, referido a una choza que había sido erigida en un sitio donde un cocodrilo juvenil se había sepultado en el barro endurecido. Y agrega: *"los indios encuentran frecuentemente enormes boas, que llaman ellos* ují *(serpiente de agua), sumidas en un estadio de letargo; para reanimarlas, es necesario hacerlas enojar o bien mojarlas"*.

Solamente citaré otro animal, un zoófito –la Virgularia patagónica, según mi opinión–, una especie de pluma de mar. Consiste en un tallo delgado, recto, carnoso, con hileras alternadas de pólipos a cada lado, rodeando a un eje elástico pétreo; el largo total alcanza entre los 20 y los 60 centímetros. En una de sus puntas el tallo se encuentra truncado, pero la otra termina en un apéndice carnoso y vermiforme. Por este último sitio, el eje pétreo que le brinda consistencia al tallo culmina en un sencillo vaso repleto de materias granulares. Cuando se produce la marea baja se puede observar a centenares de tales zoófitos, con el lado truncado al aire, sobresaliendo algunos centímetros por arriba del barro, como las pajas que quedan en un terreno después de segarlo. Apenas se toca uno de esos tallos el animal se sume en el terreno, hasta desaparecer casi por completo; para ello es necesario que el eje tan elástico se encorve por su extremo inferior, donde ya de por sí es curvo. Creo que solamente debido a su elasticidad es capaz el zoófito de volver a levantarse a través del barro.

Cada pólipo, pese a que está íntimamente unido a sus compañeros, posee una boca, un cuerpo y tentáculos separados. En un espécimen de buen tamaño existen varios millares de dichos pólipos. Empero, es observable que los rige un mismo movimiento y que poseen un eje central relacionado con un oscuro sistema circulatorio. Asimismo los huevos son generados por un órgano distinto de los individuos separados (*N. del A.:* Las cavidades que surgen de los compartimentos carnosos del extremo están repletas de una materia pulposa y amarillenta, que observada bajo el microscopio, ofrece una apariencia muy poco común. La masa está constituida por unas granulaciones de formas redondeadas, casi traslúcidas, irregulares, aglomeradas, que forman partículas de diversos tamaños. Estas partículas, como asimismo los granos sueltos, poseen la capacidad de realizar veloces movimientos. Habitualmente lo que hacen es girar en torno de distintos ejes y en otras ocasiones, siguen un movimiento de translación. El movimiento resulta percibido gracias a un débil poder de amplificación, pero no alcancé yo a establecer cuál es su causa, inclusive haciendo uso de los mayores aumentos que proporcionaba el poder de mi microscopio. Ese movimiento es muy distinto de la circulación del fluido dentro del saco elástico que posee el extremo angosto del eje. Otras veces, disecando bajo el microscopio diminutas criaturas marinas, observé partículas de material pulposo, ocasionalmente de grandes dimensiones, comenzar a girar apenas quedaban sueltas. Ignoro con cuánta posibilidad de estar en lo cierto supuse que esa materia granulosa y pulposa estaba en camino de transformarse en huevos. Por cierto, eso es lo que parecía estar sucediendo en aquel zoófito). Asimismo puede razonablemente plantearse la pregunta siguiente: "¿qué es un individuo en esta criatura?". Resulta siempre interesante dar con el punto de partida de las extravagantes narraciones de los antiguos viajeros, y no tengo dudas respecto de que los hábitos de la Virgularia explican una de ellas. El capitán Lancaster, en su viaje (*N. del A.:* Kerr: *Collections of Voyages*, como VIII, pág. 119) realizado en 1601, narra que en los arenales de las costas de la Isla de Sombrero, en las Indias Orientales, halló "*una ramita que crecía como un arbusto; si se intenta arrancarla, se introduce en el terreno y desaparece, a menos que se jale de ella con toda energía. Si se alcanza a arrancarla, se comprueba que es un gusano su raíz y que a medida que el árbol crece, el gusano disminuye. Cuando el gusano se convierte completamente en árbol, le crecen raíces y aumenta su tamaño. Esta metamorfosis es una de las más grandes maravillas que he contemplado en todos mis viajes, porque si se arranca este árbol, en tanto es joven y se lo despoja de hojas y corteza, cuando está seco se convierte en una roca dura, muy semejante al coral blanco; de tal modo el gusano puede transformarse, en dos ocasiones, en sustancias muy diversas entre sí. Reunimos y trajimos una gran cantidad de ellos*".

Durante mi estadía en Bahía Blanca, mientras esperaba al Beagle, esa ciudad se encontraba en una agitación constante por los rumores de combates y victorias entre las tropas de Rosas y los indios sublevados[36].

Cierta vez llegó la novedad de que los pobladores de un pequeño asentamiento, ubicado en el sendero a Buenos Aires, habían sido asesinados por los aborígenes. Al día siguiente arribaron, provenientes del río Colorado, 3 centenares de efectivos capitaneados por el comandante Miranda. Dicha dotación era integrada, en buena proporción, por indígenas amigos, miembros de la tribu del cacique Bernantio. La tropa pasó allí la noche.

Es imposible imaginarse algo más salvaje y fuera de lo común que aquel campamento. Algunos bebían hasta la perdición, otros ingerían con deleite la sangre caliente de las reses que degollaban; luego aquello les provocaba náuseas, lo vomitaban y se los veía completamente manchados de sangre y porquería:

*Nam simul expletus dapibus, vinoque sepultus, Cervicem inflexam posuit, jacuitque per antrum Immensus, saniem eructans, ac frusta cruenta Persomnum commixta mero*[37].

---

36 Darwin se refiere a la Campaña al Desierto, comandada por Juan Manuel de Rosas entre 1833 y 1834 contra los pueblos originarios que habitaban la provincia de La Pampa y el norte patagónico –fundamentalmente las etnias pehuenches huiliches y los boroganos, estos últimos provenientes de Chile– durante el gobierno de Juan Ramón Balcarce. Las fuerzas expedicionarias sumaban aproximadamente 4 mil hombres y estaban divididas en 3 columnas: la del este, comandada por Rosas; la del oeste por el general mendocino José Félix Aldao, y la del centro, capitaneada por el general español –radicado entonces en la provincia de Córdoba– José Ruiz Huidobro. Tras el final de las acciones militares en la campaña, fueron firmados tratados de paz con los jefes indígenas y no se volvieron a producir ataques de los pueblos originarios en la Provincia de Buenos Aires hasta la caída de Rosas del poder en 1852.

37 *"Porque después que harto de comer y sepultado en vino se recostó en el inmenso antro y reclinó su cabeza, eructando la sangre y los pedazos, en cuanto se durmió..."* (Virgilio, Libro III de La Eneida).

A la jornada siguiente partieron hacia el sitio de la masacre antes referida, cumpliendo la orden de seguir las huellas de los indígenas, así implicara perseguirlos hasta Chile. Nos enteramos después de que los asesinos habían escapado rumbo a las extensas llanuras pampeanas; por razones que no recuerdo se había perdido su rastro. Para estas gentes, un simple vistazo a las huellas representa toda una narración de los hechos. Vamos a suponer que examinen las pisadas dejadas por 1.000 caballos: enseguida referirán cuántos iban montados, cuántos marchaban al galope corto; por la hondura de las huellas sabrán cuántos caballos iban cargados y por la irregularidad de aquéllas, cuán cansados estaban. Asimismo, por el modo como fueron cocinados los alimentos, sabrán si los que perseguían iban o no con prisa y, por el aspecto general, cuánto tiempo transcurrió desde el paso de los viajeros. Un rastro que tenga una antigüedad de 10 a 15 días es lo suficientemente fresco como para que lo sigan con la mayor facilidad. También nos enteramos de que el comandante Miranda, al abandonar el extremo oeste de la Sierra Ventura, se dirigió rectamente hacia la isla de Cholechel[38], situada a 70 leguas de distancia, siguiendo el curso del río Negro. Consecuentemente, atravesó entre 320 a 450 kilómetros a través de una región completamente desconocida. ¿Se puede encontrar en algún otro sitio, tropas que sean tan independientes? Guiándose por el sol, comiendo carne de yeguarizos, teniendo por cama la misma silla de montar, estos hombres irían hasta el fin del mundo, mientras encontraran, cada tanto, algo de agua.

Algunos días después presencié la partida de otra comisión militar, compuesta por efectivos con todo el aspecto de bandidos, marchando en expedición contra una tribu acam-

---

38 Darwin se refiere a la Isla Grande de Choele Choel, ubicada a los 39° 22'1.45" Sur y 65° 43'0.12" Oeste, en el curso del Río Negro, Provincia de Río Negro.

pada junto a las Salinas Pequeñas[39]. Un cacique que fue tomado prisionero traicionó a los suyos, revelando su ubicación. El español que vino con la orden de marchar era un sujeto muy inteligente y me brindó pormenores respecto de otro enfrentamiento, del que había participado.

Algunos indios capturados habían revelado el sitio donde acampaba una tribu proveniente de la orilla norte del río Colorado. Doscientos soldados fueron enviados a atacarla y descubrieron a los aborígenes por la polvareda que producía la marcha de sus montados; habían levantado su acampe y abandonaban su emplazamiento. La región, salvaje y cubierta de monte, seguramente se encontraba ubicada muy dentro del interior del país, ya que se refería que era posible avistar la cordillera desde allí.

La tribu aquella estaba conformada por más de un centenar de hombres, mujeres y niños y prácticamente todos fueron capturados o muertos, ya que en sus ataques la soldadesca no da cuartel; los aborígenes sienten un pavor tan mayúsculo que, actualmente, ya no ofrecen una masiva resistencia y cada uno intenta salvarse por sí mismo, inclusive dejando entregados a su suerte a sus mujeres e hijos. Mas en cuanto se sienten acorralados, se tornan muy feroces y dan batalla sin importar cuántos sean sus agresores. Así, se me refirió que un aborigen, ya malherido, clavó sus dientes en el pulgar de uno de los soldados que lo perseguían y aunque en la refriega le hicieran saltar un ojo, no por eso dejó su presa. Otro aborigen, también seriamente herido, se hizo pasar por muerto y no dejó de usar un cuchillo para propinar una herida final. El español que me narraba todo esto agregó que, estando él mismo detrás de un

39 Darwin habla aquí de Salinas Chicas, paraje ubicado en la Provincia de Buenos Aires, a los 38°45'15" Sur y los 62°57'10" Oeste, cubierto por depósitos de sal y que en tiempos de lluvia se transformaba en una gran laguna salada.

indígena al que quería capturar, éste le pedía merced mientras intentaba desplegar sus boleadoras para atacarlo con ellas.

Concluyó mi informante: "*Mas de un sablazo lo tiré de su caballo y poniendo yo pie en tierra, enseguida le corté el pescuezo con mi cuchillo*". Sin lugar a dudas, esas escenas son horrendas. Pero, ¡cuánto más horrendo es el hecho comprobado de que se asesina a sangre fría a todas las mujeres indias que parecen ser mayores de veinte años de edad! Cuando protesté invocando la humanidad, recibí por toda respuesta: "*Pero, ¿qué tenemos de hacer? ¡Si engendran tantos hijos esas salvajes!*".

Aquí todos están persuadidos de que ésta es la más justa de todas las guerras, ya que va dirigida contra los salvajes. ¿Quién alcanzaría a creer que se perpetren tantas barbaridades en un país cristiano y civilizado? Se les perdona la vida a los niños, mas se los vende o se los entrega para obligarlos a ser sirvientes, o más bien dicho esclavos, aunque ello exclusivamente por el período durante el cual sus amos logren convencerlos de que efectivamente son esclavos. Sin embargo, estimo que los tratan relativamente bien. Durante la pelea huyeron 4 hombres, todos juntos, que fueron perseguidos. Uno de ellos fue asesinado y los otros capturados todavía vivos. Se trataba de mensajeros o representantes de un considerable grupo de indígenas reunidos para su defensa común en las cercanías de la cordillera. La tribu, a la cual habían sido enviados, se encontraba a punto de celebrar un gran simposio. Ya estaba preparada la comilona de carne de yegua, las danzas iban a comenzar y al siguiente día los representantes iban a retornar a la cordillera. Aquellos representantes eran unos mozos muy bien parecidos y rubios, de más de 1,8 metro de estatura, ninguno mayor de 30 años. Los 3 sobrevivientes tenían informes preciosos; para sonsacárselos, los obligaron a ponerse en fila. Interrogaron a los 2 primeros, quienes se limitaron a responder que nada sabían, y se los fusiló uno tras otro. El tercero contestó de igual modo y agregó: "*Tiren, soy un hombre y sé morir*". Ninguno de ellos quiso decir una sola palabra que fuese a perjudicar la causa que defendían. El cacique que antes mencioné tomó una postura completamente opuesta y fue así que, para salvar su vida, reveló el plan que sus compañeros pensaban seguir para continuar el combate y el lugar en la cordillera donde las tribus se iban a reunir.

Se suponía que por aquel entonces ya se habían reunido entre 600 o 700 indígenas, y que en el curso del verano esa cifra sería doblada. Asimismo, el cacique había indicado la ubicación del campamento tribal junto a las Salinas Pequeñas, en las inmediaciones de Bahía Blanca, tribu a la que iban a enviarse embajadores. Esto demuestra que las comunicaciones son fluidas entre los pueblos originarios, desde la cordillera hasta las playas del Océano Atlántico.

El plan del general Rosas es matar a todos los que se queden rezagados, obligar después a todas las tribus a dirigirse hasta un punto central y caer sobre ellas en verano, contando con el apoyo de tropas chilenas. Esta operación debe repetirse durante 3 años continuados y estimo que se ha elegido la época estival para lo fundamental de las embestidas debido a que en dicha temporada los indígenas no pueden aprovisionarse de agua en las planicies, lo que los obliga a tomar ciertos y bien determinados rumbos.

Para evitar que los salvajes crucen el Río Negro –con lo que se encontrarían seguros llegando al sur de éste, una región deshabitada y sobre la que muy escasa información se tiene– el general Rosas ha establecido un trato con los indios tehuelches, que garantiza que pagará determinada suma por todo indígena a quien asesinen si trata de cruzar al sur del río, bajo la amenaza de ser liquidados los mismos tehuelches si no cumplen su parte del convenio. La guerra está dirigida particularmente contra los indígenas cordilleranos, dado que la mayor parte de las tribus del este forman filas entre las fuerzas de Rosas. Mas el general, como lord Chesterfield, piensa que sus amigos de hoy pueden ser sus enemigos de mañana y cuida celosamente de hacerles ocupar los primeros puestos de vanguardia, de modo tal que el más crecido número de ellos caiga en las refriegas. Desde que dejé América del Sur, me han llegado noticias de que esa campaña de exterminio culminó en un completo fracaso.

Entre las jóvenes hechas prisioneras en el mismo encuentro había 2 españolas muy lindas, que fueron secuestradas cuando niñas por los aborígenes y no sabían hablar otra lengua que la de sus raptores. De creerles lo que decían, las españolas provenían de Salta, lugar situado a más de 1.600 kilómetros de distancia en línea recta. Esto brinda una aproximación respecto del enorme territorio por el cual vagabundean estos pueblos originarios. Pero a pesar de ser tan inmensos esos territorios, creo que en apenas 5 décadas no se encontrará al norte del Río Negro ni un solo salvaje.

Esta guerra es excesivamente cruenta como para que se extienda demasiado tiempo. No se brinda cuartel y los blancos matan a cuanto indígena cae en su poder, en tanto que los aborígenes hacen lo propio con los blancos.

Siente uno alguna melancolía al pensar en la velocidad con la que los indios han desaparecido ante el embate de los invasores. Schirdel dice que, en 1535, cuando la fundación de Buenos Aires, había campamentos indios con 2.000 o 3.000 pobladores. Para 1750, la misma época de Falconer, los indígenas llegaban en sus vagabundeos hasta Luján, Areco y Arrecifes, mientras que actualmente fueron rechazados hasta más allá del Río Salado. No solamente se desvanecieron tribus enteras, sino que las que todavía restan se han vuelto aun más bárbaras; así, en vez de habitar en grandes poblaciones y ocuparse para su subsistencia de la caza y la pesca, como antes acostumbraban, andan errantes ahora a través de esas planicies que parecen no tener fin, sin ocupación ni residencia alguna.

También recibí información respecto de ciertos detalles referentes a un encuentro que se produjo en Cholechel unas cuantas semanas antes del que termino de mencionar en los párrafos anteriores. Cholechel es un asentamiento de gran importancia, debido a su condición de lugar de paso para las caballadas. Por esa causa se estableció allí durante cierto tiempo el cuartel general de una división castrense. Cuando las tropas llegaron por primera vez a esa región, dieron en ella con una tribu indígena y asesinaron a 20 o 30 de sus miembros. El cacique logró fugarse de una manera que dejó en estupor a todos. Los indígenas de alto rango tienen siempre a mano, por cualquier urgencia que pueda presentarse, un buen par de caballos elegidos. El cacique montó uno de esos caballos de reserva –se trataba en este caso de un viejo caballo blanco– llevando con él a su hijito. El caballo no estaba enjaezado con silla ni bridas. Para esquivar los balazos, el cacique montó como acostumbran hacerlo los suyos, o sea: con un brazo colocado en torno del cuello del animal y sólo una pierna encima del lomo de la bestia. Suspendido así de un solo lado, se lo vio acariciar la cabeza de su montado y hablarle. Los españoles se encarnizaron en su persecución y el comandante cambió 3 veces de caballo, pero todo fue inútil. El viejo cacique y su hijo lograron escapar y conservar así su libertad.

¡Qué extraordinario espectáculo debió ser, qué bello asunto para un pintor: el cuerpo desnudo y bronceado del viejo cacique llevando en un brazo a su tierno hijo, colgando, como Mazeppa[40], de su caballo blanco, y escapándose de tal modo de sus perseguidores!

---

40 Darwin se refiere al célebre poema épico-narrativo del mismo nombre, escrito por lord Byron, y cuyo protagonista es Iván Mazeppa, joven caballero ucraniano –luego jefe de los cosacos– que a causa de su idilio con una mujer casada, la condesa polaca Theresa, es condenado a ser amarrado desnudo a un caballo al que obligan a galopar, espantándolo.

En otra ocasión vi a un soldado haciendo saltar chispas de un pedazo de sílex, que enseguida conocí que había sido parte de una punta de flecha. El soldado me informó que había encontrado aquel fragmento en las cercanías de la isla Cholechel, y que había muchos otros en aquel paraje. Ese trozo de cuarzo tenía entre 5 y 7 centímetros de largo; por consiguiente, la flecha a la que correspondía era 2 veces más grande que las que hoy se usan en Tierra del Fuego. Estaba conformada por un pedazo de sílex opaco, blanquecino, mas la punta y los filos estaban rotos. Es conocido que ningún indígena de las pampas utiliza actualmente arco ni flechas, con la excepción, creo yo, de una reducida tribu en la Banda Oriental[41]. Pero esta tribu está asentada muy lejos de los aborígenes pampeanos y por el contrario, muy cerca de las tribus que moran en los bosques y que no utilizan el caballo.

Por lo tanto, se deduce que esas flechas son restos muy arcaicos, que proceden de los indígenas (*N. del A.:* Azara duda de que los indios de las Pampas hayan usado alguna vez arcos y flechas) que vivían antes de la gran transformación de sus hábitos por la llegada del caballo a América.

---

41 Antiguo nombre que se le daba al territorio de la actual República Oriental del Uruguay, en la época en que formaba parte del virreinato, por estar ubicado en la ribera oriental del Río de la Plata.

# El origen de las especies

# Introducción

Cuando tripulaba como naturalista el Beagle, nave de la Marina Real, me impresionaron grandemente algunos hechos propios de la distribución geográfica de los organismos que viven en América del Sur y de las relaciones geológicas entre los moradores actuales y los anteriores de ese continente. Estos hechos, como se apreciará en los capítulos finales de este libro, parecían arrojar cierta luz sobre el origen de las especies, aquel enigma que constituye el misterio de los misterios, como lo ha denominado uno de nuestros mayores filósofos. A mi retorno al hogar, en 1837, se me ocurrió que tal vez se podría alcanzar a descifrar algunos aspectos de esta cuestión, en la medida que se compilara con la mayor paciencia (y se reflexionara adecuadamente sobre ellos) hechos que pudiesen tener –posiblemente– algún tipo de relación con ella. Transcurridos 5 años de labor, me permití especular sobre este asunto y fue así que redacté algunas notas cortas. Éstas las amplié en 1844, conformando un bosquejo de las conclusiones que en aquel entonces yo suponía de índole probable. Desde entonces hasta hoy, me consagré sin descanso al mismo tema y espero que se me pueda perdonar que ingrese en estos detalles de tipo personal, detalles que brindo para demostrar que no me apresuré a decidirme.

Mi obra está actualmente, en 1859, casi concluida, mas como completarla me insumirá todavía muchos años y mi salud está muy lejos de ser robusta, me han insistido para que publicara este compendio. A ello me ha impulsado, particularmente, que Mr. Wallace, que se encuentra hoy estudiando la historia natural del archipiélago malayo, ha llegado –casi– a las mismas conclusiones generales a las que he arribado yo, respecto del origen de las especies. En 1858 me envió una memoria sobre esta cuestión, pidiendo que se la hiciera a sir Charles Lyell, quien a su vez la envió a la Linnean Society. Dicha memoria ha sido publicada en el tomo tercero del *journal* de esta sociedad. Sir C. Lyell y el doctor Hooker, quienes estaban al tanto de mi trabajo –pues este último había leído mi boceto de 1844– me hicieron el honor de juzgar pertinente la publicación –junto con la excelente memoria de Mr. Wallace– de algunos cortos extractos de mis manuscritos.

Este resumen que ahora doy a las prensas es, necesariamente, imperfecto. No puedo brindar aquí referencias y textos en apoyo de mis afirmaciones, y debo contar con que el lector confiará relativamente en mi exactitud. Sin duda habrá errores que pasaron inadvertidos, aunque creo que siempre he observado la mayor prudencia a la hora de confiar exclusivamente en las mejores autoridades. No puedo brindar en este punto otra cosa que las conclusiones de índole general a las que arribé tomando en cuenta algunos hechos a modo de ejemplos. Ejemplos que aguardo, empero, resulten suficientes en la mayoría de los casos. Ninguna otra persona puede sentir más que yo la necesidad de publicar luego, con detalles y referencias, la suma de los hechos sobre la que he basado mis conclusiones; espero así hacerlo en una obra futura, pues conozco exactamente que en este volumen apenas se discute un exclusivo punto respecto del cual no se puedan referir hechos que, frecuentemente y según parece, conducen a afirmaciones directamente contrarias a aquellas a las que yo he formulado. Un resultado adecuado puede alcanzarse solamente si se exponen y sopesan correctamente los hechos y los argumentos de ambas partes del asunto; ello, aquí, es imposible de realizar.

Lamento grandemente que la falta de espacio no me permita la satisfacción de agradecer el generoso apoyo que recibí de un muy crecido número de naturalistas: no conozco personalmente a una porción de ellos. Empero, no voy a dejar de lado la ocasión de manifestar mi honda gratitud hacia el doctor Hooker, quien durante los últimos 3 lustros ha agotado todos los medios factibles para brindarme su generoso apoyo, empleando sus grandes conocimientos y su extraordinario criterio.

Al efectuar la consideración del origen de las especies se entiende con la mayor perfección que un naturalista, razonando sobre las afinidades establecidas entre los organismos, sus relaciones embriológicas, su distribución geográfica, la sucesión geológica y otros aspectos parecidos, pueda alcanzar la conclusión de que las especies no han sido creadas de modo independiente; lo que ha sucedido es que éstas han descendido, como lo han hecho las variedades, de otras especies. Empero, aunque esta conclusión estuviera bien fundada, no resultaría satisfactoria hasta que fuese posible demostrar de qué modo las incontables especies que habitan el globo han ido modificándose hasta el grado de alcanzar la perfección estructural y esa adaptación recíproca que tan justificadamente produce la mayor admiración. Los naturalistas permanentemente señalan condiciones externas, tales como el clima, la nutrición y otras, como el único origen factible de toda mutación. Desde una óptica acotada –tal como luego apreciaremos– puede esta afirmación ser verdadera; pero es por completo un absurdo atribuirles a causas puramente externas la estructura alcanzada, por ejemplo, por el pájaro carpintero, cuyas patas y cola, cuyos pico y lengua se encuentran tan maravillosamente adaptados para la captura de los insectos presentes bajo la corteza de los árboles. En el caso del muérdago, que toma su alimento de determinados árboles, que posee semillas que precisan ser llevadas por determinadas aves y que tiene flores cuyos sexos están separados y que requieren por completo la intermediación de ciertos insectos para que éstos transporten polen desde una flor a otra, es del mismo modo absurdo explicar la estructura de este organismo parásito y sus relaciones con diversos organismos, por causa de las condiciones externas, de los hábitos o de la voluntad del mismo vegetal.

Consiguientemente, resulta ser de una mayúscula importancia establecer un criterio claro respecto de los modos de modificación y de adaptación recíproca. Al comienzo de mis observaciones me resultó factible que un estudio minucioso de los animales domésticos y de las plantas cultivadas brindaba las más altas posibilidades de alcanzar una solución para este oscuro asunto. No fui yo defraudado, pues tanto en éste como en todos los otros casos de índole dudosa encontré permanentemente que nuestro conocimiento, aunque imperfecto como resulta ser, proporciona la guía mejor y más segura sobre la variación en estadio doméstico. Puedo aventurar que estoy en condiciones de manifestar mi convicción sobre el gran valor de los señalados estudios, pese a que han sido muy habitualmente dejados de lado por los naturalistas.

Por las expresadas consideraciones, voy a dedicar el primer capítulo de este compendio resumido a la variación en estado doméstico. Comprobaremos que es, al menos, factible una formidable modificación hereditaria, y, todavía de manera más fundamental, comprobaremos qué grande es el poder humano al sumar –por su selección– ligeras variaciones sucesivas. Luego voy a referirme a la transformación de las especies en el estadio natural mas, lamentablemente, deberé hacerlo con excesiva brevedad, pues sólo puede ser abordado correctamente brindando una extensa nómina de hechos; empero nos será posible discutir qué circunstancias son las más adecuadas para la transformación de las especies. En el capítulo siguiente realizaré un examen de la pugna por la existencia entre todos los organismos a escala global, circunstancia que es seguida inevitablemente por la alta razón geométrica de su incremento. Esta es la doctrina de Malthus[42] aplicada a la suma de los reinos animal y vegetal. Dado que de cada especie nacen muchísimos más especímenes de los que pueden alcanzar la sobrevida, y consecuentemente, existe un combate por la existencia, cuya repetición se produce con señalada frecuencia, se concluye que todo organismo, si sufre una variación –por débil que sea– que de alguna manera resulte ser ventajosa para él bajo las complejas y ocasionalmente variables condiciones de la vida, tendrá una mayor posibilidad de sobrevida y, de ser así, resultará naturalmente seleccionado. De acuerdo con el formidable principio de la herencia, cualquier variedad que resulte seleccionada propenderá a propagar su novedosa y transformada forma.

Esta cuestión principal de la selección natural será comentada extensamente en el capítulo IV, donde veremos de qué modo la selección natural genera casi invariablemente una gran desaparición de aquellas formas vivientes que resul-

42 Thomas Robert Malthus, nacido en Surrey el 14 de febrero de 1766 y fallecido en Bath el 29 de diciembre de 1834, fue un clérigo y erudito inglés que formuló una célebre teoría demográfica y sociopolítica, conocida como malthusianismo. Este sistema de ideas, en líneas muy generales, propugna que el ritmo de crecimiento de la población corresponde a una progresión de índole geométrica, en tanto que el incremento de los recursos disponibles para la supervivencia humana progresa aritméticamente. De acuerdo con lo postulado por Malthus, en caso de que no tengan lugar eventos como las guerras, las hambrunas, las pandemias y epidemias, entre otros, el aumento poblacional llevaría a un progresivo empobrecimiento de nuestra especie hasta conducirla a la extinción.

tan ser las menos perfeccionadas y lleva a lo que yo denomino la "divergencia de los caracteres". En el siguiente capítulo abordaré las complicadas y muy poco conocidas leyes que rigen la variación. En los 5 capítulos que le siguen al antes referido, expondré los problemas más aparentes y graves que obstaculizan la aceptación de esta teoría.

Son ellos: primeramente, las dificultades que ofrecen las transiciones, o sea, de qué modo un organismo o un órgano, siendo simples, pueden transformarse y alcanzar la perfección, hasta convertirse en un ser muy desarrollado o un órgano complejo. En segundo lugar, veremos la tópica del instinto o de las facultades mentales de los animales. En tercer lugar, nos ocuparemos de la hibridación o la esterilidad de las especies y de la fecundidad de las variedades cuando se produce su cruzamiento. En cuarto lugar, abordaré la imperfección de la crónica geológica. En el capítulo siguiente voy a ocuparme de la sucesión geológica de los seres en el tiempo; en los capítulos XII y XIII, de su clasificación y sus afinidades recíprocas, tanto en el caso de los adultos como de aquellos que se encuentran en estado de embrión. En el capítulo final brindaré un corto resumen del conjunto de la obra, al que le sumaré varias observaciones.

Nadie debe sorprenderse por todo lo que permanece sin explicación, referido al origen de las especies y variedades, si se toma en cuenta nuestra honda ignorancia respecto de las relaciones recíprocas de los tantos seres que viven en torno nuestro. ¿Quién puede explicar por qué causa una especie se extiende mucho y el número de los individuos pertenecientes a ella es muy elevado, mientras que otra especie, semejante a la anterior, tiene una dispersión mínima y sus especímenes resultan rarísimos? Empero, estas relaciones son de la mayor importancia, dado que ellas determinan la abundancia presente y, según yo entiendo, la futura buena fortuna y variación de cada uno de los moradores del globo. Aún conocemos menos de las relaciones recíprocas de los incontables moradores de la Tierra en el curso de las diferentes eras geológicas que componen su historia. Pese a que mucho sigue siendo oscuro y seguirá siéndolo por mucho más tiempo, yo no estoy en condiciones –después de haber realizado una honda reflexión y estudio, tras establecer el juicio más imparcial que soy capaz de concretar– de tener la más mínima duda respecto de que es errada la opinión que la mayor proporción de los naturalistas sostuvieron hasta hace poco y que yo también sostuve con anterioridad. Estoy absolutamente persuadido de que las especies no son inmutables, así como que aquellas que corresponden a lo que se denomina el mismo género descienden directamente de otra especie, habitualmente extinta, del mismo modo que las variedades conocidas de una especie descienden de ésta. Asimismo, estoy persuadido de que la selección natural ha sido el agente fundamental, mas no el único y exclusivo, de dicha transformación.

**Capítulo IV**

# La selección natural o la supervivencia de los más aptos

## Selección natural

La pugna por la vida, cortamente discutida en el capítulo precedente, ¿cómo se manifiesta en lo referido a la variación? El principio de la selección, que ya hemos visto y que resulta ser tan poderoso en las manos humanas, ¿es capaz de ser aplicado en condiciones naturales? Estimo que vamos a comprobar que puede trabajar con la mayor eficacia. Tomemos en cuenta las innumerables transformaciones pequeñas y las diferencias individuales que surgen en nuestras producciones a escala doméstica, y menos pronunciadamente en las que se encuentran en condiciones naturales, y al mismo tiempo, consideremos la potencia de la inclinación hereditaria. Ciertamente es posible afirmar que, en condiciones de domesticidad, todo el organismo –en cierta medida– se torna plástico. Mas la capacidad de variación que encontramos abundantemente en nuestras producciones domésticas no es concretada de modo directo por el hombre, según observaron con toda propiedad Hooker y Asa Gray; el hombre no es capaz de crear variedades, como tampoco lo es de impedir su surgimiento. El hombre alcanza exclusivamente a conservar y acumular aquellas variedades que surjan; involuntariamente, el hombre obliga a los seres vivientes a sufrir nuevas y cambiantes condiciones vitales, y surge así la variabilidad, mas cambios parecidos de condiciones pueden tener lugar y efectivamente así sucede en el medio natural. Tengamos asimismo en cuenta qué indeciblemente complicadas y severamente adaptadas son las relaciones del conjunto de los organismos entre sí y con las condiciones físicas de la existencia y, consecuentemente, qué incontablemente variadas categorías estructurales resultarían útiles para cada organismo en condiciones variables de vida. Entendiendo que sin lugar a dudas diversas variaciones han resultado ser útiles para el hombre, ¿puede, entonces, resultar poco probable que, de manera similar, para cada organismo, en el extenso y complicado combate por la existencia, deban presentarse otras transformaciones útiles en el curso de las tantas generaciones sucesivas? Si así sucede, ¿estamos en condiciones de dudar, memorando que el número de individuos que nacen es mucho más elevado que el de aquellos que quizá puedan sobrevivir; que los individuos que poseen una ventaja sobre los otros, por sencilla que ésta sea, tendrían más chances de sobrevivir y por ende, de reproducir su especie? Contrariamente, podemos afirmar con plena seguridad que toda modificación que resulte ser dañina –incluso a la escala más reducida– debe ser rigurosamente eliminada.

Yo denominé como "selección natural" y también como "supervivencia de los más aptos" a la conservación de las diferencias y variaciones que son individualmente favorables y al proceso de destrucción de las que son perjudiciales. En las variaciones que no son útiles ni resultan perjudiciales no obraría la influencia de la selección natural y éstas quedarían abandonadas a su suerte como un elemento fluctuante, como podemos observarlo, quizás, en determinadas especies polimorfas. Tal vez estas variaciones alcanzarían finalmente a fijarse debido a la naturaleza del organismo y la índole de las condiciones del medio.

Algunos autores comprendieron mal o han formulado objeciones respecto de la expresión "selección natural". Varios de ellos hasta supusieron que la selección natural genera la variabilidad, cuando implica exclusivamente la conservación de las variedades que surgen y resultan ser benéficas para el organismo, de acuerdo con sus condiciones de vida. Nadie objeta a los agricultores que se refieren a los potentes resultados de la selección humana, y en este asunto las diferencias individuales establecidas por la naturaleza, por las que el hombre opta con algún objetivo determinado, necesariamente tienen que existir con anterioridad. Otros han objetado que la expresión "selección" señala elección consciente en los animales que son modificados, y hasta han argumentado que la selección natural no es aplicable a los vegetales desde que éstos carecen de voluntad. En el sentido literal del término, sin lugar a dudas, "selección natural" resulta ser una expresión falsa. Mas ¿quién le pondrá reparos, alguna vez, a los químicos que refieren las afinidades electivas de los diversos elementos? Empero de un ácido no puede decirse, en rigor, que elige una base con la que prefiere combinarse. Se ha mencionado que yo me refiero a la selección natural como si ésta fuese una potencia activa o una deidad. Sin embargo ¿quién le formula cargos a un autor que habla de la atracción de la gravedad como si ella rigiese los movimientos planetarios? Conocemos lo que se entiende por dichas expresiones metafóricas y a qué se refieren; sabemos que son prácticamente imprescindibles en función de la brevedad. De igual manera es arduo evitar la personificación de la palabra "naturaleza"; pero empleándola quiero significar solamente la acción total y el resultado total de numerosas leyes naturales, y en cuanto a leyes, empleo esta expresión para referirme a la sucesión de los hechos, en cuanto y en tanto dichos hechos resultan ser plenamente conocidos por nosotros. Una vez que nos encontremos algo familiarizados con estas expresiones, las objeciones formuladas –tan superficiales como son– serán completamente olvidadas.

Alcanzaremos a comprender de mejor manera la marcha posible de la selección natural si tomamos el caso de una región que sufra alguna leve transformación física, por ejemplo, de tipo climático. Las cifras proporcionales de sus habitantes tendrán casi de inmediato una modificación, y ciertas especies se extinguirán, con toda probabilidad. Sobre la base de lo que ya examinamos respecto de cómo, tan íntima y complejamente, están relacionados entre sí los moradores de cada región podemos extraer, a modo de conclusión, que cualquier modificación en las proporciones numéricas de ciertas especies afectará a los demás organismos pobladores de la región, independientemente de la modificación climática en sí misma. Si la región lo permite, con toda probabilidad se producirá una inmigración de formas nuevas; ello modificará seriamente las relaciones que determinados habitantes anteriores guardan entre sí. Debe tomarse en cuenta, en este punto, que ha sido demostrado qué potente resulta ser la influencia de un solo árbol o un mamífero que se haya introducido. Pero si se trata de una isla o de una región rodeada de barreras, donde no puedan ingresar libremente formas nuevas y cuya adaptación sea mejor, encontraríamos entonces parajes en la economía natural que se encontrarían muy probablemente mejor ocupados si algunos de los primigenios habitantes se modificaran de alguna manera. Ello es así porque en el caso de que la entrada a dicha región hubiese estado franqueada a la inmigración, estos mismos puestos hubiesen sido tomados por los inmigrantes. En estos casos las modificaciones leves, que de ninguna manera resultan favorables para los individuos de determinada especie, tendrían la tendencia a conservarse, por adaptar mejor a dichos individuos a las condiciones que han cambiado y la selección natural no tendría obstáculos para su trabajo de perfeccionamiento.

Tenemos buenas razones para suponer (tal como ha quedado demostrado en el capítulo tercero) que las modificaciones en las condiciones de vida originan una inclinación a incrementar la variabilidad; en los casos anteriores las condiciones se han modificado y ello sería –con toda evidencia– conveniente para el trabajo de la selección natural, porque suma más probabilidades de que surjan variaciones de índole útil; en caso de que no aparezcan, la selección natural no podrá hacer cosa alguna. No se debe dejar de tomar en cuenta, siempre, que en la expresión "variaciones" se incluyen también las meras diferencias individuales. Del mismo modo que el hombre puede originar un efecto importante entre los vegetales y animales domésticos, al sumar en una dirección determinada diferencias individuales, también lo mismo pudo hacer, por su parte, la selección natural, pero con mucha mayor facilidad, al disponer de un tiempo indescriptiblemente mayor para operar.

Esto no implica que yo suponga que una importante modificación física, de tipo climático, por ejemplo, o cierto grado de aislamiento fuera de lo común, que obstaculice la inmigración, sea imprescindible para que queden nuevos nichos vacantes y que la selección natural los llene, llevando a la perfección a algunos de los habitantes que se transforman, dado que, como el conjunto de los moradores de cada región están pugnando entre sí con energías sutilmente equilibradas, levísimas transformaciones de la conformación o los hábitos de una especie le darán en múltiples ocasiones ventaja sobre otras especies, e inclusive nuevas transformaciones de la misma clase incrementarán frecuentemente aun más la ventaja, en tanto que la especie siga en las mismas condiciones de existencia y se procure beneficio de medios similares de subsistencia y defensa. No se puede señalar región alguna donde todos los habitantes locales se encuentren, actualmente, tan bien adaptados entre sí y a las condiciones físicas en que subsisten que ninguno de ellos pueda encontrarse aun mejor adaptado o perfeccionado. Ello es así porque en todas las regiones los habitantes locales han sido de tal modo conquistados por producciones naturalizadas, que les han posibilitado a ciertos organismos inmigrantes adueñarse del terreno. Como quiera que los inmigrantes derrotaron de este modo en todas las regiones a algunos de los organismos locales, podemos concluir acertadamente que los locales podían haberse modificado con mayor ventaja para ellos, de manera tal que hubiesen alcanzado a resistir mejor la invasión.

Si el hombre puede generar, y seguramente ha generado, grandes resultados con sus métodos conscientes o inconscientes de selección, ¿qué no podrá hacer la selección natural? El hombre puede obrar solamente sobre caracteres de índole externa y que resulten visibles. La naturaleza (en caso de que me sea autorizado personificar así a la conservación o la supervivencia natural de los más aptos) no les presta la menor atención a las apariencias, salvo cuando éstas resultan útiles a los organismos. La naturaleza puede actuar sobre el conjunto de los órganos internos, sobre la suma de los matices diferenciales constitutivos, sobre el mecanismo completo de la existencia. El hombre realiza su selección exclusivamente para su provecho, mientras que la naturaleza lo hace solamente en beneficio del organismo que tiene bajo su cuidado. La naturaleza hace funcionar enteramente todo carácter seleccionado, tal como lo implica su selección. El hombre retiene en una misma región los organismos que son propios de diversos climas y muy raras veces ejercita de manera peculiar y adecuada cada carácter que ha elegido. El hombre alimenta con la misma nutrición a una paloma cuyo pico es largo que a una que posee un pico corto. El hombre no ejercita de ninguna manera particular a un cuadrúpedo de lomo alargado o uno cuyas patas sean largas y somete al mismo clima a las ovejas cuyo vellón es corto que a aquellas cuyo pelaje es largo; no les permite a los machos más fuertes competir por el favor de las hembras. No elimina severamente el hombre a todos los individuos inferiores, sino que, en la medida en que puede hacerlo, protege todos sus productos en cada modificación estacional. El hombre comienza a realizar su selección, muchas veces, eligiendo para ello alguna forma casi monstruosa o, al menos, poseedora de alguna modificación que resulte ser suficiente para atraer su atención o le resulte comprobadamente útil. En el medio natural las diferencias constitutivas o estructurales más leves son capaces de inclinar la balanza, tan sutilmente equilibrada, en la pugna por la existencia y resultar de tal modo preservadas. Cuán efímeros son los deseos y trabajos humanos y qué corto es su tiempo... Consecuentemente, qué pobreza tendrán sus resultados, si los comparamos con los sumados en el medio natural durante períodos geológicos completos. ¿Podemos entonces asombrarnos de que las producciones naturales tengan una condición mucho más real que las producciones humanas y que resulten ser incomparablemente mejor adaptadas a las más complicadas condiciones existenciales y de que lleven notoriamente el sello de una producción superior?

En sentido metafórico se puede afirmar que la selección natural se encuentra día tras día y hora tras hora buscando por todo el globo las más leves variaciones y rechazando aquellas que son malas; conservando y sumando el conjunto de las benéficas y trabajando en silencio, sin que podamos apreciarlo, cuando sea que surja la ocasión, a favor del perfeccionamiento de cada organismo en relación con sus condiciones orgánicas e inorgánicas de existencia. No apreciamos detalle alguno de estos cambios morosos y paulatinos hasta que el tiempo marca el transcurso de las eras. Entonces, tan imperfecta resulta ser la visión que tenemos de las arcaicas eras geológicas, cuando vemos solamente que las formas orgánicas son actualmente diferentes de aquello que fueron en otra edad.

Para que en una especie se produzca una modificación importante, una variedad ya conformada tuvo que variar nuevamente, tal vez luego de mucho tiempo, o se vio obligada a presentar diferencias de tipo individual de igual tenor que antes, las que tuvieron que ser otra vez conservadas, y así, de modo paulatino, paso por paso. Apreciando que diferencias individuales del mismo tipo tornan a presentarse invariablemente de nuevo, estimar esto como una suposición carente de toda justificación puede ser muy arduo; mas que sea verdadera o falsa no sólo podemos discernirlo observando en qué medida la hipótesis explica y coincide con los fenómenos naturales generales. Por otro lado, la suposición habitual de que la suma de las variaciones factibles da una cantidad rigurosamente limitada es, asimismo, un mero supuesto.

Inclusive en el caso de que la selección natural pueda obrar exclusivamente para el beneficio de cada organismo, empero los caracteres y las estructuras que estimamos como de importancia nimia pueden ser influidos por ella. Cuando vemos a los insectos que comen hojas de color verde, y moteados de gris a aquellos que se nutren de corteza; blanco en invierno el Lagopus mutus o perdiz alpina, y de un color similar al que poseen los brezos al Lagopus scoticus o perdiz escocesa, debemos suponer que dichos matices les resultan útiles a estos insectos y aves para librarse de riesgo. Los Lagopus, si no fuesen eliminados en algún estadio de su existencia, aumentarían su número hasta ser incontables, mas se sabe que padecen grandemente por la acción de las aves de rapiña. Los halcones se orientan hacia sus víctimas empleando el sentido visual; tanto es así que en ciertos parajes continentales se aconseja no conservar palomas blancas, porque son ellas las más expuestas a los ataques de aquellos predadores. Consiguientemente, la selección natural pudo resultar eficaz para brindar el color adecuado a cada especie de Lagopus y conservar este color permanente una vez adquirido. No debemos suponer que la eliminación por causa accidental de un ejemplar de un color singular vaya a originar un pequeño efecto, pues debemos recordar cuán fundamental es, en un rebaño de ovejas blancas, eliminar cualquier cordero con el más mínimo indicio de color negro. Ya señalamos de qué manera el color de los puercos que se nutren de *paint-root* (Lachnanthes tinctoria) en Virginia, define que vayan a morir o sobrevivir. Entre los vegetales, la vellosidad del fruto y el color de la pulpa son estimados por los botánicos como caracteres de la más insignificante importancia, pero conocemos –a través de un destacado horticultor, Downing, de los Estados Unidos– que los frutos cuya piel es lisa son más frecuentemente atacados por un coleóptero, un Curculio, que aquellas frutas que ofrecen una piel vellosa. También sabemos que las ciruelas de color morado sufren en mucha mayor proporción el ataque de determinada enfermedad que las ciruelas que son amarillas, en tanto que otra patología agrede a los melocotones de pulpa amarilla mucho más que a los que la poseen de un color diferente. Si con todo el apoyo del arte estas leves disimilitudes generan una notable diferencia al cultivar las diversas variedades, muy posiblemente en el estado natural, donde los árboles deben combatir por la vida con otros árboles y con otra larga serie de antagonistas, estas disimilitudes definirían ciertamente el triunfo de un fruto liso o velloso, uno de pulpa amarilla o uno que la posea morada.

Al tomar en cuenta las variadas diferencias pequeñas que hay entre especies (diferencias que, hasta donde sabemos, aparentan ser por completo insignificantes) no debemos olvidar que el clima, la comida y otros factores produjeron algún efecto directo, de modo indudable. También es preciso considerar que, a causa de la ley de correlación, cuando una parte cambia y las variaciones se suman debido a la selección natural, tendrán lugar otras transformaciones, resultando ser éstas, en muchas ocasiones, de la índole menos esperada.

Del mismo modo que observamos que las variaciones que surgen en el estado de domesticidad, en un período determinado de la vida, tienden a reaparecer en la descendencia en el mismo período (un buen ejemplo de esto son las mutaciones de la forma, el tamaño y el sabor de las semillas de las numerosas variedades de las plantas de uso culinario y producción agrícola; las transformaciones producidas en los estadios de oruga y crisálida de las variedades del gusano de seda; las modificaciones en los huevos de las aves de corral y en el matiz de la pelusa de sus polluelos; los cambios en los cuernos de los carneros y el ganado bovino cuando casi están llegando a la adultez) de igual manera, en la naturaleza, la selección natural puede tener influencia en los organismos y modificarlos en cualquier estadio etáreo por la acumulación, en dicha edad, de variaciones que resultan ser de utilidad, y por su herencia en la edad que corresponda. Si resulta ser útil para un vegetal que sus semillas sean dispersadas por el viento a una distancia cada vez mayor, no alcanzo a ver yo mayor dificultad en que esto se concrete debido a la selección natural, que en que el agricultor algodonero incremente y optimice por selección los pelos lanosos de sus cultivos. La selección natural puede transformar y adaptar la larva de un insecto a una serie de circunstancias por completo diferentes de las que corresponden al insecto en su estadio adulto, y estas transformaciones pueden tener influencia, correlativamente, en la estructura del insecto adulto. Asimismo, y de manera contraria, ciertas modificaciones en el adulto pueden tener influencia estructural en la larva, mas en el conjunto de los casos la selección natural será la garantía de que no resulten perjudiciales, pues si lo fueran, la especie alcanzaría a extinguirse.

La selección natural transformará la estructura del descendiente en relación con el padre, y la del padre en relación con el hijo. En los animales sociales adaptará la estructura individual para beneficiar al conjunto de la comunidad, si ésta puede sacar provecho de la modificación seleccionada. Lo que no puede concretar la selección natural es una modificación estructural de una especie sin brindarle algún tipo de ventaja para el beneficio de otra especie. Pese a que pueden encontrarse en los tratados de historia natural afirmaciones de esta opinión, yo no puedo encontrar un solo caso comprobable. Una conformación empleada apenas una vez en la existencia de un animal, si resulta ser de gran importancia para él, pudo ser modificada hasta cualquier nivel por la selección natural. Como ejemplo de lo anterior, las formidables mandíbulas que tienen algunos insectos y que empleadas únicamente para abrir los capullos, o el extremo duro que ofrece el pico de las aves antes de nacer, que éstas utilizan para romper la cáscara del huevo que las aprisiona. Se ha referido que, de las mejores palomas *tumbler* o volteadoras de pico corto, una gran cantidad muere dentro del huevo porque esos ejemplares no alcanzan a salir de él; de modo que los criadores de estas aves deben auxiliarlas al momento de la salida del huevo. Pero si la naturaleza tuviese que hacer muy corto el pico de la paloma adulta para procurarle con ello alguna ventaja al ave, el desarrollo de esa modificación sería muy lento, y al mismo tiempo se produciría dentro del huevo una severa selección de todos los polluelos que tuvieran el pico más fuerte y duro, dado que la totalidad de los pichones de pico blando morirían de modo inevitable. Como alternativa las cáscaras más delicadas y más fáciles de romper serían las seleccionadas, pues resulta notorio que el grosor de la cáscara varía como cualquier estructura.

Será muy adecuado observar en esta instancia que en el conjunto de los organismos ha de producirse mucha destrucción fortuita, la que escasa o nula influencia puede tener en términos de la selección natural. Como ejemplo de esto, señalemos que un gran número de huevos y semillas son devorados cada año y que éstos solamente alcanzarían a ser modificados a través de la selección natural si cambiaran de alguna manera que les brindara protección frente a sus enemigos. Empero, una buena proporción de estos huevos y semillas, de no haber sido eliminados, habrían generado tal vez ejemplares mejor adaptados a sus condiciones vitales que cualesquiera de los que tuvieron la fortuna de sobrevivir. Asimismo, una cantidad muy crecida de animales, y vegetales adultos, sean o no los que ofrecen una mejor adaptación a sus condiciones, tiene que ser destruida cada año por causas fortuitas, las que no serían mitigadas en lo más mínimo por determinadas modificaciones estructurales o constitucionales que serían –por otros motivos– benéficos para la especie. Mas a pesar de que la destrucción de los ejemplares adultos sea tan alta, en tanto y en cuanto el número que puede existir en un paraje no se encuentre completamente limitado por este motivo, o pese a que la destrucción de huevos y semillas sea tan mayúscula que solamente la centésima o la milésima parte logre desarrollarse, de los individuos sobrevivientes, aquellos que resulten ser los mejor adaptados (suponiendo que exista alguna variación de sentido positivo) tenderán a propagar su tipo en mayor proporción que los menos adaptados. Si su cantidad está absolutamente limitada por los motivos antes señalados –como va a suceder en múltiples ocasiones– la selección natural se verá imposibilitada de determinar direcciones que resulten provechosas. Mas ello no es una objeción firme contra su eficacia en otras épocas y de otras maneras, porque carecemos de una razón para colegir que muchas especies experimentan permanentes modificaciones y un continuo perfeccionamiento simultáneamente y en la misma región.

## Selección sexual

Dado que en el medio doméstico surgen frecuentemente singularidades en un sexo que quedan unidas a él por vía hereditaria, indudablemente algo similar tendrá lugar en el medio natural. Así es posible que ambos sexos se modifiquen, a través de la selección natural, en relación con sus diversos hábitos –como tan seguidamente acontece– o que un sexo se modifique en relación al otro, como también ocurre habitualmente. Esto me conduce a referirme a lo que denominé la "selección sexual". Esta manera de selección no se encuentra en dependencia de una pugna por la vida en relación con otros organismos o contra condiciones externas, sino que depende de un combate entre los individuos pertenecientes a un sexo (habitualmente, los machos) por la posesión del otro sexo. El resultado no es la eliminación del antagonista derrotado, sino de aquel que deja escasa o nula descendencia. La selección sexual resulta ser, entonces, menos severa que la natural. Por lo general son los machos más fuertes los que están mejor adaptados a su papel en la naturaleza, y aquellos que dejarán una mayor descendencia. Mas en muchas ocasiones el triunfo no depende tanto del grado de vigor natural que posea el ejemplar, como de la posesión de armas particulares, posesión que se halla limitada al sexo masculino. Un ciervo que carezca de cuernos, un gallo que no tenga espolones, tendrían muy escasas chances de dejar una crecida descendencia. La selección sexual, dejando siempre reproducirse al vencedor, pudo, con seguridad, brindar un coraje sin tregua, una buena longitud a los espolones, potencia al ala para empujar la pata armada de espolón, de modo similar, casi, a como lo hace el brutal gallero a través de la selección minuciosa de sus mejores gallos.

Hasta qué punto de la escala de los seres naturales llega la ley de la lucha, lo ignoro. Fue señalado que los cocodrilos combaten, rugen y giran en torno, como lo hacen los indígenas en un baile de guerra, por la posesión de las hembras; que los salmones machos riñen todo el día; que los ciervos volantes[43] machos, en ocasiones exhiben las heridas producidas por las enormes mandíbulas de los otros machos. El inimitable observador *monsieur* Fabre[44] ha presenciado en múltiples ocasiones cómo los machos de determinados insectos himenópteros se encontraban luchando por una hembra posada a su lado, como espectadora aparentemente indiferente de la contienda, y que finiquitada ésta se retira luego con el macho que resulta ser el triunfador. La pugna es tal vez más rigurosa entre los machos de los animales que son polígamos; según parece, éstos están provistos con gran frecuencia de armas singulares. Los machos de los carnívoros se encuentran siempre muy bien armados, pese a que ellos y a otros pueden poseer medios particulares de ejercer la defensa a través de la selección natural, como es el caso de la melena del león o la mandíbula en forma de gancho propia del salmón macho, dado que papel tan fundamental puede desempeñar para asegurarse la victoria el escudo como la espada o la lanza.

Entre las aves, la lucha se desarrolla –en repetidas ocasiones– con un carácter más pacífico. Cuantos prestaron su atención a este asunto opinan que entre los machos de numerosas especies existe la rivalidad mayor por atraer mediante el canto a las hembras. El tordo rupestre de Guayana, las aves del paraíso y algunas otras se reúnen, y los machos, en serie

43 Se trata de un tipo de insectos, Lucanus cervus, correspondiente a la familia Lucanidae. Es el escarabajo europeo de mayor tamaño, alcanzando los machos casi 10 centímetros de longitud. Estos poseen unas mandíbulas muy desarrolladas, parecidas a la cornamenta de un ciervo, característica de la que proviene su nombre popular.

44 Jean-Henri Casimir Fabre, nacido en Saint-Léons du Lévézou el 22 de diciembre de 1823 y fallecido el 11 de octubre de 1915 en Sérignan-du-Comtat, fue un naturalista y poeta francés, compañero de Charles Darwin aunque destacado opositor a su teoría de la evolución.

sucesiva, despliegan con el mayor cuidado y exhiben del mejor modo que pueden su espléndido plumaje. Asimismo realizan raros movimientos frente a las hembras; éstas, actuando como espectadoras, eligen finalmente al compañero que les resulta más atrayente.

Aquellos que con más atención se han aplicado a la observación de las aves en cautiverio conocen perfectamente que ellas, frecuentemente, demuestran tener preferencias y aversiones de índole individual. Sir R. Heron brindó su descripción respecto de cómo un pavo real manchado resultaba ser particularmente atractivo para el conjunto de sus pavas. Me resulta imposible explayarme aquí sobre detalles que serían necesarios, mas si el hombre puede en poco tiempo darles belleza y elegancia a sus gallinas Bantam de acuerdo a su estándar o índole de hermosura, no existiría ninguna razón auténtica para poner en duda que las aves hembras, eligiendo durante miles de generaciones los machos más bellos y melodiosos según sus arquetipos de belleza, puedan generar un efecto señalado. Algunas leyes notorias en relación al plumaje de las aves machos y hembras, comparado con el plumaje propio de los pollitos, pueden explicarse parcialmente por la acción de la selección sexual sobre modificaciones presentes en diversas edades y que son transmitidas exclusivamente a los machos, o a ambos sexos, en las edades que corresponden, mas no tengo aquí el espacio suficiente para tratar este tema.

De manera que, en mi opinión, cuando los machos y las hembras poseen los mismos hábitos generales, pero se diferencian en lo referente a su conformación, color o galas, dichas diferencias han sido originadas particularmente por la acción de la selección sexual, o sea, mediante individuos machos que se han aprovechado, a través de sucesivas generaciones, de alguna leve ventaja sobre otros machos; ventaja que radica en sus armas, sus medios defensivos o sus atractivos, características que le han transmitido a su descendencia masculina exclusivamente. Empero no voy a atribuirle el conjunto de las diferencias sexuales a esta acción, porque en los animales domésticos vemos aparecer en el sexo masculino y permanecer ligadas a él unas singularidades que, con toda evidencia, no fueron aumentadas por la selección realizada por el hombre. El mechón de filamentos en la pechuga del pavo salvaje no puede tener algún tipo de empleo y dudosamente puede ser ornamental ante la mirada de la hembra. Ciertamente, si el mechón hubiera surgido en estado doméstico, se lo habría entendido como un rasgo monstruoso.

## Algunos ejemplos del accionar de la selección natural o de la supervivencia de los más aptos

Para que resulte más evidente cómo actúa, según mi parecer, la selección natural, rogaré al lector su permiso para brindar 1 o 2 ejemplos imaginarios. Veamos así el caso de un lobo que atrapa a diversos animales, capturando a unos mediante su astucia, a otros empleando su fuerza y a otros gracias a su agilidad. Vamos ahora a suponer que la presa más ligera –por ejemplo, un ciervo– por algún tipo de modificación producida en la región, hubiese incrementado su número de individuos, o que otra presa hubiera mermado su número durante la estación anual en la que el lobo estuviese más necesitado de alimento. Bajo tales circunstancias los lobos más rápidos y ágiles tendrían mayores posibilidades de sobrevida y de ser de tal modo conservados o seleccionados, en tanto conservaran la energía suficiente para dominar sus presas en esa u otra época del año, cuando se vieran forzados a intentar la captura de otros animales. No estimo que exista mayor motivo para poner en duda que tal sería el resultado, que para hesitar respecto de que el hombre sea capaz de perfeccionar la velocidad de sus galgos a través de una selección realizada con método y cuidado o por aquel tipo de selección inconsciente que proviene de que todo hombre busca alcanzar la conservación de los mejores perros, sin la menor intención de introducir modificaciones en su raza. Estoy en condiciones de agregar que, según lo afirma Mr. Pierce, existen dos variedades de lobo en los montes Catskill, en los Estados Unidos; una de ellas posee formas ligeras, como las de los galgos, y está consagrada de preferencia a la captura de ciervos. En tanto la otra variedad de lobo, de formas más gruesas, posee patas más cortas y ataca más seguidamente a los rebaños que el hombre hace pastorear.

Se hace necesaria la advertencia respecto de que, en el ejemplo anteriormente brindado, me refiero a los ejemplares de lobos más delgados, y no a que haya sido preservada una exclusiva variación, singularmente establecida. En ediciones anteriores de esta misma obra me referí, algunas veces, a que esta última probabilidad hubiese podido ocurrir con frecuencia. Observaba la fundamental importancia que poseen las diferencias individuales; ello me llevó a discutir con cierta amplitud los frutos de la selección inconsciente realizada por el hombre, que consiste en la conservación de aquellos individuos que resultan ser más o menos valiosos y en la eliminación de los peores ejemplares. Observaba asimismo que la preservación en estado natural de una desviación estructural accidental, tal como lo es alguna monstruosidad, tenía que consistir en un suceso muy raro, y que, si se conservaba al comienzo, desaparecería habitualmente por los cruzamientos posteriores con individuos ordinarios, carecientes de aquella monstruosidad. Empero, hasta mi lectura de un apreciable y fundamentado artículo en la *North British Review* (1867) no alcancé a apreciar lo extraño que resulta que se conserven las variaciones únicas, tanto cuando están escasamente marcadas como cuando lo son en grado sumo. El autor del referido artículo presenta el caso de una pareja de animales que produzca durante el curso de su existencia 2 centenares de descendientes; de ellos, a causa de diversos factores que producen la eliminación de la progenie, como término medio, solamente 2 ejemplares sobreviven para alcanzar a reproducir la especie. Este es un cálculo que resulta exagerado aplicado a los animales superiores, pero no es así en lo que respecta a buen número de los inferiores. Luego el autor realiza la demostración de que, en caso de que naciera un solo espécimen que variase el estándar de alguna manera que le brindara dobladas probabilidades de vida que a los demás individuos, las posibilidades de que sobreviviera serían aun muy pocas. Suponiendo que éste sobrevive y engendra y que la mitad de su progenie herede la variación ventajosa, todavía las crías tendrían una posibilidad apenas levemente mayor de sobrevivir y engendrar. Esta posibilidad iría mermando a través de las sucesivas generaciones. Lo correcto de estas observaciones del autor no puede ser, en mi opinión, motivo de ninguna discusión. Por citar un ejemplo, en el caso de que un ave de cierta especie pudiera acceder al alimento con una facilidad superior por poseer un pico curvado, y naciera un individuo con el pico muy curvo y que como consecuencia de tal factor prosperara, habría empero muy escasas posibilidades de que este único individuo perpetuara la variedad hasta que se produjera la desaparición de la forma común. Mas, de acuerdo con lo que observamos que sucede en el medio doméstico, apenas se puede dudar de cuál sería el resultado de la conservación, durante seguidas generaciones, de una gran cantidad de individuos de pico más o menos señaladamente curvado, y de la eliminación de una cantidad aun mayor de individuos que poseyeran un pico marcadamente recto.

Sin embargo no debemos dejar pasar por alto que determinadas variaciones bien marcadas, a las que nadie iría a clasificar como meras diferencias propias de los individuos que las poseen, se repiten frecuentemente a causa de que organismos semejantes sufren influencias semejantes, circunstancia de la que podrían enumerarse muchos ejemplos en las producciones domésticas. En tales casos, si el ejemplar que varía no transmitió positivamente a su progenie el carácter recién adquirido, sin duda alguna les transmitiría a sus descendientes (en tanto y en cuanto las condiciones existentes siguieran siendo invariables) una inclinación aun más marcada a sufrir una variación del mismo tenor. Asimismo apenas puede tenerse la más ligera de las dudas respecto de que la tendencia a la variación de la misma manera ha sido en ocasiones de tal severidad, que han variado de modo similar, sin contar con el apoyo de forma alguna de selección, todos los ejemplares de la misma especie, o puede haber sido modificada así exclusivamente una tercera porción o una décima de los especímenes. Esta es una situación sobre la que podrían brindarse efectivamente diversos y variados ejemplos. Así Graba calculó que, aproximadamente, una quinta parte de los aranes[45] de las islas Feroe[46] son de una variedad tan marcada, que antiguamente era clasificada como una especie diferente, denominada *Uria lacrymans*. En casos de este tipo, si la variación resulta ser de índole ventajosa, la forma primigenia sería prontamente suplantada por la modificada, en razón de supervivencia de los más aptos.

Debo yo subrayar los resultados producidos por el cruzamiento en la destrucción de las variaciones de todo tipo, mas es observable en este aspecto que la mayoría de los animales y los vegetales se mantienen en sus propias regiones y no migran de un paraje al otro sin mayor necesidad, característica

45 El arao es un ave marina propia de Europa.

46 Las islas Feroe son un pequeño archipiélago situado en el Atlántico Norte, entre Escocia, Noruega e Islandia, siendo sus coordenadas 62°01'03" Norte y 6°46'18" Oeste.

que está presente incluso en las aves migratorias, que casi invariablemente tornan al mismo territorio. Consiguientemente, toda aquella variedad recién conformada tendría que ser local al comienzo, como parece ser la norma general entre las variedades que se encuentran en estado natural. De modo que prontamente coexistirían agrupados en un pequeño conjunto ejemplares modificados de un modo similar, y frecuentemente engendrarían unidos. Si la nueva variedad posee ventajas para la contienda por la vida, paulatinamente se diseminaría a partir de una región originaria, compitiendo con los ejemplares no modificados y derrotándolos en los límites de un círculo invariablemente más y más acrecentado.

Sería conveniente brindar otro ejemplo –más complicado– de la acción ejercida por la selección natural. Determinados vegetales producen un líquido dulzón, según parece, para eliminar algún elemento dañino que está presente en su savia. Esta operación se concreta, por ejemplo, mediante la labor de glándulas ubicadas en la base de las estípulas de ciertas leguminosas y en el envés de las hojas del laurel común. Este líquido, pese a ser escaso, resulta afanosamente buscado por los insectos, aunque las visitas de éstos no benefician en absoluto al vegetal que lo produce. Supongamos que el líquido fue segregado por el interior de las flores de una determinada cantidad de plantas de una especie: los insectos, al buscarlo, quedarían embadurnados de polen y frecuentemente lo llevarían consigo desde una flor hasta la otra. Las flores de dos ejemplares distintos de una misma especie quedarían de tal manera cruzadas, y el cruzamiento, como resulta factible de comprobar, da por resultado plantas fuertes, las que tendrán las mejores probabilidades de florecer y sobrevivir. Los vegetales que diesen flores con las glándulas y los nectarios mayores y que segregasen más cantidad del atrayente líquido serían los más visitados por insectos y, por ende, se cruzarían con mayor frecuencia.

Así obtendrían ventaja y se transformarían en una variedad local. Similarmente aquellas flores que, en relación con el tamaño y los hábitos del insecto que las visita, tengan sus estambres y pistilos ubicados de manera tal que favorezcan en cierta manera el transporte del polen, se verían asimismo favorecidas. También podríamos tomar el caso de aquellos insectos que visitan las flores para recoger el polen en lugar del néctar y, dado que el polen existe con el único objetivo de posibilitar la fecundación, su eliminación aparenta ser una mera pérdida para el vegetal. Empero que un poco de polen haya sido conducido desde una flor hasta la otra –en un inicio por simple accidente y después de manera habitual– por los insectos que se alimentan de él, concretándose así un cruzamiento, inclusive cuando 9/10 porciones del polen resulten destruidas, podría ser aun de gran ventaja para el vegetal ser robado de tal modo; aquellos individuos que produzcan más polen y tengan anteras de mayor tamaño serían pasibles de selección.

Cuando nuestra planta, a través del proceso anterior, continuado por largo tiempo, se hubiese vuelto involuntariamente muy atractiva para los insectos, llevarían éstos el polen de flor en flor con marcada regularidad. Esto es, positivamente, lo que ellos efectúan; algo que podría ser demostrado con facilidad mediante el testimonio de numerosos hechos sorprendentes. Brindaré exclusivamente uno que sirve asimismo como ejemplo de un avance en la diferenciación de los sexos de los vegetales. Ciertos acebos poseen sólo flores masculinas, con 4 estambres, y producen una cantidad reducida de polen, a lo que se suma que tienen un pistilo rudimentario. Otros acebos dan solamente flores femeninas, las que tienen un pistilo absolutamente desarrollado y 4 estambres con anteras arrugadas, en las que no se puede hallar un solo grano de polen. Habiendo encontrado un acebo hembra ubicado exactamente a 55 metros de un acebo macho, coloqué bajo el microscopio los estigmas de una veintena de flores, recogidas de diversas ramas. En todas, sin ninguna excepción, había varios granos de polen, y en algunos casos un buen número de ellos. Como el viento había soplado durante días desde el acebo hembra en dirección al acebo macho, el polen no pudo ser transportado por este recurso natural. El clima se había mostrado frío y tormentoso, por ende, nada favorable para el trabajo de las abejas, y sin embargo todas las flores femeninas que revisé habían sido fecundadas por las abejas que habían volado desde un acebo hasta el otro ansiosas de néctar. Tornando a nuestro caso imaginario, en cuanto la planta se hubiese tornado tan atractiva para los insectos que el polen fuese transportado con regularidad de una flor hasta la otra pudo tener inicio otro proceso. Ningún naturalista tiene dudas respecto de lo que fue denominado como la "división fisiológica del trabajo"; entonces podemos suponer que sería ventajoso para un vegetal producir estambres solos en una flor o en toda una planta, y pistilos solos en otra flor o en otra planta. En cuanto a las plantas cultivadas o colocadas en nuevas condiciones de existencia, los órganos masculinos en ciertas ocasiones y los femeninos en otras, son los que se vuelven más o menos importantes. Si suponemos que sucede así – aunque sea a un nivel muy pequeño– en el medio natural, en consecuencia, dado que el polen es conducido ya con regularidad de flor en flor, y tomando en cuenta que una separación completa de los sexos de nuestra planta resultaría ventajosa por el principio de la división del trabajo, los individuos que tengan esta tendencia, incrementando su número cada vez en mayor proporción, se verían permanentemente seleccionados, hasta que finalmente quedara establecida una separación absoluta de los sexos. Llevaría un espacio excesivo demostrar los diferentes grados (incluyendo el dimorfismo y otros) por los que en plantas de diversos tipos la separación de los sexos se está concretando actualmente con plena evidencia. Sin embargo estoy en condiciones de aseverar que ciertas especies de acebo propias de América del Norte se encuentran –según lo señala Asa Gray[47]– en un estado precisamente intermedio: tal como él se expresa, con más o menos dioicamente polígamas[48].

Retornemos a continuación a aquellos insectos que se nutren de néctar. Estamos en condiciones de suponer que el vegetal en que se incrementó la producción de néctar por selección continuada es una planta común, y que determinados insectos dependen fundamentalmente de su néctar para sobrevivir. Podemos nombrar numerosos hechos que señalan cuán codiciosos resultan ser los himenópteros en cuanto a ahorrar tiempo. Por ejemplo, citemos su costumbre de hacer huecos y sorber el néctar en la base de algunas variedades de flores, en las que pueden entrar por la garganta con sólo un poco más de esfuerzos. Tomando en cuenta estos hechos, puede suponerse que, en determinadas circunstancias, las diferencias individuales en la curvatura o la longitud de la lengua, entre otros factores, diferencias que son excesivamente sutiles para que podamos apreciarlas, podrían representar una ventaja para una abeja o algún otro insecto, de manera que ciertos individuos fueran capaces de obtener su nutrición con más rapidez que otros. De este modo las comunidades a las que ellos correspondiesen prosperarían y darían origen a numerosos enjambres, cuyos miembros heredarían iguales cualidades.

El tubo de la corola del trébol rojo común y del trébol encarnado (Trifolium pratense y T. incarnatum) no pare-

47 Asa Gray, nacido en Sauquoit el 18 de noviembre de 1810 y fallecido en Massachusetts el 30 de enero de 1888, fue un médico y naturalista que es estimado como el botánico estadounidense más importante del siglo XIX.

48 Dioico es un organismo en el que los elementos masculinos y los femeninos se hallan en individuos separados.

cen, bajo un examen superficial, diferenciarse en cuanto a longitud. Pero la abeja común puede con extrema facilidad sorber el néctar del trébol encarnado, cosa que no sucede con el néctar del trébol rojo, que es aprovechado exclusivamente por los abejorros. Así, extensos terrenos cubiertos de trébol rojo ofrecen inútilmente una abundante nutrición de precioso néctar a la abeja común. Que este néctar le apetece mucho a la abeja común es algo bien seguro, pues yo mismo he observado muchas veces, siempre exclusivamente en otoño, a un crecido número de abejas comunes sorbiendo de las flores a través de los agujeros realizados antes por los abejorros, que mordisquean la base del tubo floral. La diferencia en la longitud de la corola, presente en las 2 especies de trébol, lo que determina las incursiones de la abeja común, debe ser muy mínima, pues me informaron que cuando el trébol rojo ha sido segado, las flores de la segunda cosecha son un poco más pequeñas y éstas sí son aprovechadas por la abeja común. Yo no sé si esta información es la más exacta; tampoco si puede darse crédito a otros datos que han sido publicados: que la abeja de Liguria –estimada por lo habitual como una mera variedad de la abeja común, y que se cruza con ella– resulta ser capaz de alcanzar y sorber el néctar del trébol rojo. De tal modo, en una región donde abunda esta variedad de trébol, puede resultar una gran ventaja para la abeja común tener la lengua un poco más larga o constituida de otra manera. Asimismo, dado que la fecundidad de este trébol depende absolutamente de los himenópteros que visitan sus flores, si los abejorros llegasen a ser escasos en alguna región, podría representar una gran ventaja para la planta tener una corola más corta o más hondamente dividida, de manera que la abeja común pudiese sorber el néctar de sus flores. Es de tal modo que puedo comprender cómo una flor y una abeja pudieron paulatinamente (al mismo tiempo o una especie después de la otra) modificarse y adaptarse entre sí de la manera más adecuada. Esto es, mediante la conservación permanente de las características de aquellos ejemplares que presentaban leves variaciones de conformación recíprocamente favorables.

Reconozco que esta doctrina de la selección natural –de la que son ejemplos los casos imaginarios antes mencionados– se encuentra expuesta a las mismas objeciones que se elevaron al comienzo contra las altas teorías, expresadas por sir Charles Lyell, respecto de los cambios modernos de la Tierra como explicaciones de la geología. Mas actualmente en escasas ocasiones oímos mencionar a los agentes que vemos aún activos como causas inútiles o insignificantes, cuando se los usa para acertar a explicar la excavación de los valles más hondos o la conformación de prolongadas líneas de acantilados en el interior de una región.

La selección natural opera únicamente a través de la conservación y acumulación de leves modificaciones heredadas, todas ellas de provecho para el organismo que es conservado. Del mismo modo que la geología moderna ha defenestrado caso por completo opiniones tales como la excavación de un extenso valle por una sola onda diluvial, de igual manera la selección natural dará por tierra con el supuesto de la creación continuada de nuevos organismos o de cualquier modificación estructural notable y repentina.

## Sobre el cruzamiento de los especímenes

Debo realizar en este punto una corta digresión. En lo que respecta a los animales y los vegetales que tienen sexos separados es, desde luego, evidente que para engendrar deben siempre unirse 2 individuos, con la excepción de aquellos casos extraños y no demasiado conocidos, propios de la partenogénesis[49]; mas en los hermafroditas esto está muy lejos de ser evidente. Empero existen razones para suponer que en todos los organismos hermafroditas actúan –por accidente o de modo habitual– 2 ejemplares para la reproducción de la especie. Esta posibilidad fue hace mucho propuesta, aunque con dudas, por Sprengel, Knight y Kölreuter. A continuación examinaremos su importancia, pero me ocuparé del asunto con mucha brevedad, aunque dispongo de los materiales necesarios para fundamentar una discusión prolongada al respecto.

El conjunto de los vertebrados, los insectos y algunos otros grandes grupos de animales se aparean cada vez que se reproducen. Las investigaciones recientes han reducido en mucho el número de hermafroditas. Un crecido número de los auténticos hermafroditas se aparean; esto es, 2 individuos se unen normalmente con fines reproductivos, que es aquello en lo que estamos interesados. A pesar de ello existen muchos animales hermafroditas que definitivamente no se aparean por lo habitual, y una gran cantidad de vegetales son hermafroditas. Cabe preguntarse, entonces: ¿por qué causa suponer que, en esos casos, concurren invariablemente 2 individuos para concretar el acto reproductivo?

Primeramente, colecté un cúmulo vasto de casos, y llevé adelante numerosos experimentos que demuestran, de acuerdo con la creencia prácticamente universal de los criadores, que en los animales y vegetales el cruzamiento entre variedades diferentes, o entre individuos de igual variedad pero distinto linaje, brinda fortaleza y fecundidad a la progenie. Contrariamente, la reproducción realizada con el concurso entre parientes próximos reduce el vigor y la fecundidad. Estos hechos, por sí mismos, me llevan a suponer que es una

49 La partenogénesis consiste en la reproducción concretada a través del desarrollo de células sexuales femeninas no fecundadas.

norma general de la naturaleza que ningún organismo se fecunde a sí mismo durante una cantidad infinita de generaciones, y que, de cuando en cuando –probablemente con largos intervalos temporales– resulta fundamental un cruzamiento con otro ejemplar.

Admitiendo que esto es una ley natural, en mi opinión alcanzaremos a explicar diversas clases de hechos como los que siguen, que resultan ser tan numerosos como inexplicables partiendo de cualquier otra óptica. El horticultor que se ocupe de cruzamientos conocerá lo poco favorable que resulta para la fecundación de una flor que esté expuesta a mojaduras. Empero, ¡qué cantidad de flores tienen sus anteras y estigmas completamente expuestos a los rigores de la intemperie! Mas si es indispensable de tanto en tanto que se produzca un cruzamiento –inclusive aunque las anteras y los pistilos de la propia planta se encuentren tan cerca que casi aseguren la autofecundación– la absoluta libertad para el ingreso del polen proveniente de otros ejemplares brindará la explicación de lo que se acaba de señalar respecto de la exposición de los órganos. Contrariamente muchas flores tienen sus órganos de fructificación encerrados por completo; así sucede en la extensa familia de las papilionáceas, aquella a la que pertenecen los guisantes. Mas sus flores presentan por lo general hermosas y raras adaptaciones proclives a la visita de los insectos. Tan necesarias resultan ser las visitas de los himenópteros para numerosas flores papilionáceas, que su fecundidad decrece notablemente si estas visitas son interrumpidas. Pero a los insectos que van de flor en flor apenas les resulta posible dejar de llevar polen de una a otra, con gran beneficio para la planta. Los insectos actúan como un pincel de acuarelas y para asegurar la fecundación alcanza con tocar apenas, con el mismo pincel, las anteras de una flor y luego el estigma de otra. Mas no debe suponerse que los himenópteros producen así una multitud de híbridos entre diversas especies, dado que si se colocan en el mismo estigma el propio polen de una planta y el de otra especie, el primero es tan preponderante que destruirá la influencia del polen extraño, según ha sido demostrado por Gärtner, sin que tenga lugar otra posibilidad.

Cuando los estambres de una flor se lanzan repentinamente hacia el pistilo o se mueven con lentitud, uno tras otro, hacia él, el artilugio parece adaptado expresamente para tornar segura la autofecundación, y es útil para este fin sin duda alguna. Pero en muchas ocasiones es necesaria la acción de los insectos para lograr que los estambres se echen hacia delante, como Kölreuter[50] demostró que sucede en el caso del agracejo. En este mismo género, que parece poseer una disposición particular para la autofecundación, es conocido que si se plantan formas o variedades muy próximas, las unas cerca de las otras, casi no resulta posible obtener semillas que generen plantas puras, ya que tanto se cruzan naturalmente.

En otros abundantes casos, aunque no está favorecida la autofecundación, existen disposiciones particulares que impiden que el estigma reciba el polen de la misma flor, como podría ser demostrado por las obras de Sprengel[51] y otros autores, al igual que por mis propias investigaciones. En la Lobelia fulgens, por ejemplo, existe un mecanismo ciertamente primoroso: los incontables granos de polen son barridos de las anteras de cada flor previamente a que el estigma esté listo para recibirlos; dado que esta flor nunca es visitada por los insectos (al menos, no sucede así en mi jardín), nunca produce semilla, aunque colocando polen de

50 Joseph Gottlieb Kölreuter, nacido el 27 de abril de 1733 en Sulz am Neckar y fallecido el 11 de noviembre de 1806 en Karlsruhe, fue un botánico alemán, considerado como el padre de la biología floral.

51 Christian Konrad Sprengel, nacido el 22 de septiembre de 1750 en Brandeburgo y fallecido el 7 de abril de 1816 en Berlín, fue un botánico y naturalista alemán que investigó las condiciones de la polinización floral.

una flor sobre el estigma de otra, consigo abundantes semillas. Otra especie de Lobelia, que es visitada por abejas, da semillas espontáneamente en mi jardín.

En innumerables casos –inclusive cuando no está presente ninguna condición mecánica para evitar que el estigma reciba polen de la misma flor– sin embargo (como han demostrado Sprengel, y más recientemente Hieldebrand y otros, y como también puedo yo afirmar) o las anteras estallan antes de que el estigma esté listo para la fecundación, o el estigma está preparado antes que el polen de la flor; de manera que estos vegetales, denominados dicógamas, poseen sexos separados y precisan generalmente cruzarse. Lo propio sucede con las plantas que son recíprocamente dimorfas y trimorfas, anteriormente señaladas. ¡Cuán extraños resultan estos hechos! ¡Qué raro es que el polen y la superficie estigmática de una misma flor, pese a encontrarse tan cercanos, precisamente para facilitar la autofecundación, sean en tantos casos recíprocamente inútiles! ¡Con qué facilidad se encuentra la explicación de estos hechos entendiendo que un cruzamiento accidental con un individuo diferente resulte ventajoso, o indispensable!

Si a distintas variedades del repollo, el rábano, la cebolla y otros vegetales se les permite darse semillas unas junto a otras, una gran cantidad de las plantas obtenidas de tal modo serán mestizas, como yo mismo lo he podido comprobar. Como ejemplo, obtuve 233 ejemplares de col de algunas plantas de diversas variedades que habían crecido las unas junto a las otras. De ellas apenas 78 resultaron de linaje puro, e incluso algunas de éstas no totalmente puro. Sin embargo el pistilo de cada flor de col está rodeado no solamente por sus 6 estambres, sino asimismo por los de otras flores del mismo ejemplar. El polen de cada flor se deposita con facilidad sobre su propio estigma sin la ayuda de los insectos; comprobé yo mismo que plantas meticulosamente protegidas contra los insectos originan un número correspondiente de frutos. Entonces, ¿cómo acontece que un número tan crecido de plantas resulten ser mestizas? Esto debe tener su origen en que el polen de una variedad diferente tenga un efecto superior sobre el propio polen de la flor, y esto sea una porción de la norma general, aquella que rige el resultado ventajoso de los cruzamientos entre diferentes ejemplares de una misma especie. Cuando se cruzan especies diferentes el caso se invierte, dado que el polen de una planta es –habitualmente– el que predomina respecto del polen foráneo. Mas acerca de este tema vamos a volver en otro capítulo.

En el caso de un árbol de gran volumen y cubierto de incontables flores, se puede objetar que el polen en escasas ocasiones pudo ser transportado de un árbol al otro. Habitualmente ello sucede sólo de una flor a otra del mismo árbol, y las flores del mismo árbol solamente de un modo acotado pueden estimarse como individuos diferentes. Opino que esta objeción es valedera, pero también que la naturaleza lo ha prevenido vastamente, brindándole a los árboles una sostenida inclinación a generar flores de sexos separados. Estando los sexos separados –pese a que las flores masculinas y femeninas pueden ser generadas en el mismo árbol– el polen debe ser transportado con regularidad de una flor a la otra. Esto incrementará las posibilidades de que el polen sea, de tanto en tanto, transportado de un árbol al otro. Observo que en nuestro país sucede que los árboles de todos los órdenes tienen más frecuentemente los sexos separados que en el caso de los otros vegetales. Ante mi pedido en ese sentido, el doctor Hooker estableció una estadística de los árboles de Nueva Zelandia, y el doctor Asa Gray una de los árboles de los Estados Unidos. El resultado fue el que yo ya había supuesto. Contrariamente, Hooker me informó que la regla no se cumple en Australia; mas si la mayor proporción de los árboles australianos son dicógamos, debe producirse igual resultado que si generasen flores con los sexos separados.

Realicé estas escasas observaciones respecto de los árboles meramente para llamar la atención sobre el asunto.

Volvamos ahora a los animales; diversas especies de hábitos terrestres son hermafroditas, como los moluscos de tierra y las lombrices, mas todos se aparean. Hasta el momento no hallé un solo animal terrestre capaz de fecundarse a sí mismo. Este detalle tan significativo, que ofrece tan fuerte contraste con el caso de las plantas terrestres, resulta comprensible si se toma en cuenta la hipótesis de que es indispensable –de tanto en tanto– un cruzamiento, porque a causa de la naturaleza del elemento fecundante, no existen en este caso medios parecidos al accionar de los insectos y el viento en las plantas a través de los que pueda concretarse entre los animales terrestres un cruzamiento de tipo accidental sin que intervengan para ello 2 ejemplares. Entre los animales de hábitos acuáticos están presentes numerosos hermafroditas que se fecundan a sí mismos; pero en este caso particular debemos tomar en cuenta que las corrientes de agua ofrecen un medio muy adecuado para el cruzamiento producido por accidente. Como sucede con las flores, hasta este momento no logré, tras consultar con una de las más altas autoridades, como lo es el profesor Huxley[52], hallar un solo animal hermafrodita que tuviese los órganos de la generación tan perfectamente encerrados como para que pueda demostrarse que físicamente no es posible el acceso desde fuera y la influencia accidental de un organismo diferente. Durante un tiempo prolongado estimé que los cirrípedos[53] constituían, desde esta óptica, un caso extrema-

52 Thomas Henry Huxley, nacido en Ealing el 4 de mayo de 1825 y fallecido en Eastbourne el 29 de junio de 1895, fue un biólogo británico, férreo defensor de la teoría de la evolución darwiniana. Fue el abuelo del célebre escritor inglés Aldous Leonard Huxley.

53 Son un tipo de crustáceos maxilópodos, denominados popularmente percebes. Muchas de sus variedades tienen un alto valor gastronómico.

damente arduo; mas por una afortunada casualidad, pude demostrar que 2 individuos se cruzan positivamente en ciertas ocasiones, aunque ambos son hermafroditas y, por ende, resultan capaces de fecundarse a sí mismos.

Debe haber despertado el interés de la mayor proporción de los estudiosos, como una rara anomalía, que tanto en los animales como en las plantas unas especies de la misma familia y hasta de igual género, sean hermafroditas y otras sean unisexuales, pese a ser tan semejantes en toda su organización. Mas si efectivamente todos los hermafroditas se cruzan de tanto en tanto, la diferencia entre estos y las especies unisexuales es diminuta en cuanto a lo referido a la función.

De estas diversas consideraciones y de numerosos hechos particulares que he colectado, pero sobre los cuales no puedo explayarme aquí, resulta que en los animales y las plantas el cruzamiento accidental entre individuos diferentes es una norma natural generalizada, si su condición no es directamente la de universal.

## Circunstancias favorables o la producción de formas novedosas a través de la selección natural

Se trata de un asunto singularmente complejo. Una gran variabilidad será notoriamente favorable, y bajo esta denominación se incluyen sin excepciones aquellas diferencias de índole individual. Un crecido número de individuos, para incrementar las posibilidades de surgimiento de variedades ventajosas en un período determinado, compensará una variabilidad menor en cada individuo. Ello es, según yo opino, un elemento indispensable para alcanzar el éxito en este objetivo. Pese a que la naturaleza otorga largos períodos para el trabajo de la selección natural, no brinda para ello un período indefinido. Dado que todos los organismos se esfuerzan por ocupar el conjunto de los nichos en la economía natural, cualquier especie que no varíe y se perfeccione en relación a sus competidores terminará por ser eliminada. Si las variaciones favorables no se transmiten a través de la herencia – si, al menos, no lo hacen a través de algunos descendientes– nada puede alcanzar a hacer la selección natural. La tendencia a la reversión puede en muchas ocasiones dificultar o directamente impedir el trabajo en cuestión. Mas no siendo esta tendencia algo que le haya impedido al hombre conformar mediante su selección múltiples razas domésticas, ¿por qué habría de prevalecer contra la selección natural?

En lo referente a la selección metódica, un criador selecciona tras un objetivo bien definido, y si a los individuos se les permite cruzarse a sus anchas, su labor fracasará absolutamente. Mas cuando numerosos criadores, sin intentar introducir modificaciones en la estirpe, tienen un estándar o tipo de perfección aproximadamente similar y todos intentan hacerse de los mejores animales y obtener progenie de ellos, seguramente –aunque con lentitud– ello deparará un mejoramiento de este proceso selectivo inconsciente, aunque en este caso no exista separación de ejemplares elegidos. De tal modo resultará en la naturaleza, porque dentro de una región determinada, con algún nicho en la economía natural que no esté bien ocupado, el conjunto de los individuos que se transformen en la dirección adecuada tendrán la inclinación a conservarse, aunque lo hagan en grados distintos. Mas si la región es vasta, sus diversas porciones presentarán seguramente condiciones distintas de vida. Entonces, si una misma especie se modifica en distintas porciones regionales, las variedades recién establecidas se cruzarán entre sí en los límites de esos territorios. Veremos en el capítulo VI que las variedades intermedias –las que habitan en sectores intermedios– serán generalmente y según pase el tiempo, relevadas por alguna de las que viven en vecindad. El cruzamiento mostrará su influencia principalmente en los animales que se unen para cada cría, los que se desplazan repetidamente de unos lugares a otros y que no crían de un modo veloz. Es por ello que en animales de esta característica, como las aves, las variedades estarán generalmente confinadas en regiones separadas: yo estimo que sucede de este modo. En los organismos hermafroditas que se cruzan sólo de tanto en tanto, y asimismo en los animales que se unen para cada cría, pero que escasamente deambulan y pueden incrementar su número velozmente, una variedad novedosa y mejorada puede conformarse rápidamente en cualquier lugar; puede mantenerse conformando un grupo, y extenderse luego, de manera que los individuos de la nueva variedad tendrán que cruzarse entre sí, particularmente. De acuerdo con esto, los agricultores prefieren almacenar simiente venida de una extensa plantación, debido a que las posibilidades de cruzamiento así se reducen.

Inclusive en el caso de los animales que se unen para cada cría y cuya propagación es lenta, no estamos en condiciones de suponer que el cruzamiento libre descarte siempre el accionar de la selección natural. Una variedad de hechos señalan que en un mismo territorio 2 variedades del mismo animal pueden seguir siendo diferentes durante mucho tiempo por frecuentar lugares diferentes, por criar en temporadas diferentes o debido a que los especímenes de cada variedad optan por unirse entre sí.

El cruzamiento desempeña en el medio natural un papel fundamental, conservando en los ejemplares de la misma especie o la misma variedad el carácter puro. El cruzamiento trabajará con mayor eficacia en aquellos animales que se unen para cada cría; pero creemos que en todos los animales y vegetales suceden cruzamientos por accidente. Incluso cuando sucedan sólo después de largos períodos, la progenie así obtenida tendrá mayor fortaleza y fecundidad que la procedente de la autofecundación continuada durante mucho tiempo. Tendrá más probabilidades de sobrevida y propagación de su especie y variedad. De tal modo, la influencia de los cruzamientos –aunque se produzca de tanto en tanto– será determinante.

En cuanto a los organismos muy inferiores, que no se reproducen sexualmente ni se conjugan y son incapaces de cruzarse, si permanecen en iguales condiciones vitales pueden preservar su carácter uniforme exclusivamente por el principio de la herencia y la selección natural, que eliminará todo ejemplar que se separe del tipo característico. Si las condiciones vitales cambian y la forma sufre modificaciones, la progenie modificada es capaz de adquirir la uniformidad meramente porque la selección natural preserva variaciones favorables similares.

El aislamiento es, asimismo, un factor decisivo para modificar especies por selección natural. En un área cerrada o aislada, no demasiado extensa, las condiciones vitales orgánicas e inorgánicas serán casi uniformes, de manera que la selección natural modificará igualmente a los individuos que varíen de la misma especie. El cruce con los moradores de los territorios anejos será así evitado. Moritz Wagner[54] ha publicado un ensayo sobre el tema y demostrado que el aislamiento evita los cruces entre variedades recién formadas de un modo mayor al que yo supuse inicialmente. Por motivos que ya expuse no puedo acordar con Wagner en que la migración y

54 Moritz Wagner, nacido en Bayreuth el 3 de octubre de 1813 y fallecido en Munich el 31 de mayo de 1887, fue un naturalista, explorador, médico y botánico alemán. Asimismo fue una de las figuras más destacadas de la *Naturphilosophie* (filosofía de la naturaleza), tendencia filosófica del idealismo germano relacionada con el Romanticismo. Desde 1836 hasta 1839 exploró Argelia y concretó importantes hallazgos en historia natural, afirmando que el aislamiento geográfico resultaba un factor clave en cuanto a la especiación.

el aislamiento sean imprescindibles para la formación de especies nuevas. La importancia del aislamiento es grande al impedir, tras alguna modificación en las condiciones físicas: cambio de clima, de elevación del terreno, etc., la inmigración de organismos mejor adaptados, y así quedarán libres nuevos puestos en la economía natural del territorio para ser ocupados gracias a cambios de los anteriores moradores. El aislamiento brindará tiempo para que paulatinamente se perfeccione una nueva variedad, y en ocasiones esto puede resultar fundamental, pero si un territorio aislado es demasiado pequeño –por estar circundado de barreras, porque ofrece condiciones físicas particulares– el número de los moradores será pequeño, y ello atrasará la aparición de nuevas especies por selección natural, al reducir las posibilidades de que surjan variaciones favorables.

El mero paso del tiempo, de por sí, no opera a favor ni en contra de la selección natural. Se afirmó equivocadamente que yo acepté que el tiempo tiene un papel fundamental en la transformación de las especies, cual si las formas de vida estuvieran obligadamente sufriendo modificaciones bajo una norma innata. El tiempo es solamente importante (su importancia en este aspecto es grande) porque brinda mayores posibilidades de que surjan modificaciones ventajosas y éstas sean seleccionadas, conservadas y fijadas. El tiempo incrementa asimismo la acción directa de las condiciones físicas vitales en lo que hace a la constitución de cada organismo.

Si para comprobar la verdad de estas afirmaciones tomamos en cuenta algún acotado territorio aislado –por ejemplo, una isla oceánica– aunque la cantidad de especies que lo habitan sea reducido (lo que veremos en el capítulo sobre distribución geográfica) sin embargo, un gran porcentaje de estas especies resulta singular: se ha generado allí y no en otra parte. Las islas parecen ser muy adecuadas para la generación de especies nuevas, mas podemos caer en engaño. Para decir que fue más favorable para las nuevas formas orgánicas un diminuto territorio aislado o uno grande y abierto –como un continente– debemos comparar en condiciones de igualdad temporal isla y continente y esto es imposible de efectuar.

Pese a que el aislamiento es fundamental en la generación de especies nuevas, me inclino a pensar que la extensión territorial es más importante, particularmente para generar especies capaces de sobrevivir por prolongados períodos y extenderse a gran distancia. En un terreno vasto y abierto habrá mayores posibilidades de aparición de variaciones favorables, entre la gran cantidad de ejemplares de la misma especie que allí viven, y también las condiciones vitales son más complejas, por el gran número de especies ya presentes. Si alguna de estas variadas especies se transforma y perfecciona, otras deberán perfeccionarse de modo correspondiente, o resultarán destruidas. Asimismo cada forma nueva, en cuanto se haya perfeccionado mucho, podrá extenderse por la región abierta y competirá con otras numerosas formas. Extensos territorios hoy continuos, en muchos casos por causa de oscilaciones pretéritas del nivel, habrán sido antes territorios fraccionados, de manera que habitualmente habrán tenido curso los positivos efectos del aislamiento, en cierta proporción. Finalmente concluyo que, aunque los pequeños terrenos aislados han sido en muchos aspectos muy favorables para la generación de nuevas especies, el curso de la modificación habrá sido más veloz en los grandes territorios, de manera habitual. También opino, y posee ello una mayor importancia, que las nuevas especies generadas en territorios vastos, que ya han vencido a muchos competidores, serán aquellas que se extenderán a mayor distancia y de las que surgirán más variedades y especies. Así será suyo el papel más importante en la historia, tan compleja, del mundo orgánico.

De acuerdo con ello, podremos entender ciertos hechos sobre los que volveremos en el capítulo sobre distribución geográfica, como el hecho de que las producciones del pequeño continente australiano retrocedan ante las del inmenso territorio europeo-asiático. Del mismo modo sucedió que las producciones continentales, en todas partes, alcanzaron a naturalizarse en tantas islas. En una isla pequeña la pugna vital habrá sido menos rigurosa; habrán tenido lugar menores modificaciones y matanzas. Así podemos entender cómo la flora de Madera[55], según Oswal Heer[56], se asemeja relativamente a la extinta flora terciaria de Europa. El conjunto de las masas de agua dulce constituyen una extensión pequeña, en comparación con la del mar o con la de la tierra. Por ello la competencia entre las producciones de agua dulce debe de haber sido menos severa que en cualquier otra parte y las nuevas formas se habrán generado más lentamente, mientras que las formas antiguas habrán sido más paulatinamente eliminadas. Justamente es en las aguas dulces donde hallamos 7 géneros de peces ganoideos, remanente de un orden importante en otros tiempos, y también en ese mismo medio algunas de las formas más extrañas hoy conocidas, como Ornithorhynchus[57] y Lepidosiren[58], que, como sucede con los fósiles, unen, en determinada medida, órdenes que se encuentran hoy muy distantes en la escala natural. Estas formas peculia-

55 Darwin se refiere al archipiélago atlántico de Madeira, perteneciente a Portugal y ubicado a 400 km de Tenerife, 860 km de Lisboa y 770 km de las Islas Azores.

56 Oswald von Heer, nacido el 31 de agosto de 1809 en Niederuzwil y fallecido el 27 de septiembre de 1883 en Lausana, fue un geólogo y naturalista suizo, nombre fundamental de la paleobotánica.

57 Género de primitivos mamíferos platípodos, que incluye especies como el ornitorrinco (Ornithorhynchus anatinus), viviente en la actualidad, y otras extinguidas.

58 Género de peces dotados de pulmones primitivos, como el Lepidosiren paradoxa, propio de Sudamérica.

res pueden ser denominadas fósiles vivientes. Llegaron a nuestros tiempos por haberse desarrollado en regiones confinadas y haber estado expuestos a una competencia menos variada y, por ello, menos rigurosa y exigente.

En conclusión, hasta donde la mayor complicación del asunto lo hace posible, las circunstancias favorables y desfavorables para la generación de nuevas especies a través de la selección natural, para las producciones terrestres un extenso territorio continental que haya experimentado numerosas oscilaciones de nivel habrá sido el ambiente más favorable para la producción de nuevas formas de vida, capaces de perdurar por un largo período y de alcanzar una gran extensión. Durante el período en que el territorio fue un continente, los moradores fueron abundantes en cuanto a individuos y especies, y se encontraban sometidos a una exigente competencia. Cuando tuvo lugar una depresión del terreno y éste se transformó en vastas islas separadas, subsistieron numerosos individuos de igual especie en cada isla. El cruzamiento en las fronteras de la porción ocupada por cada nueva especie habrá sido impedido. Sucedidos cambios físicos de cualquier índole, la inmigración fue impedida y los nuevos puestos en la economía isleña habrán sido ocupados por modificación de los anteriores habitantes, quienes contaron con un tiempo adecuado para modificarse y perfeccionar sus variedades en cada isla. Tras una nueva elevación, las islas nuevamente se metamorfosearon en un territorio continental, marcado el retorno de competencia de la mayor exigencia y aquellas variedades mayoritariamente favorecidas o perfeccionadas habrán alcanzado a extenderse; habrán sido eliminadas la mayoría de las formas menos perfeccionadas, y las relaciones numéricas entre los diversos moradores del continente así restablecido habrán cambiado de nuevo. Otra vez se habrán manifestado las condiciones para que la selección natural optimizara a los habitantes y produjera nuevas especies.

Estoy absolutamente de acuerdo con que la selección natural obra habitualmente con la mayor lentitud: ella puede realizar sus operaciones cuando en una región haya vacantes que puedan ser mejor ocupadas a través de la modificación de ciertos organismos que en ella existen. La disponibilidad de esos puestos frecuentemente estará en dependencia de los cambios físicos, que por lo habitual se producen con mucha lentitud, y de que no se produzca la inmigración de formas que resulten ser las mejor adaptadas. A medida que algunos de los anteriores habitantes se transformen, las relaciones recíprocas de los otros se verán perturbadas en múltiples ocasiones. Esto generará nuevos puestos listos para ser ocupados por formas que poseen una mejor adaptación. Este proceso se concretará con la mayor lentitud. Pese a que los individuos de una misma especie ofrecen entre sí diferencias mínimas, frecuentemente deberá transcurrir largo tiempo antes de que puedan presentarse, en las diferentes porciones de la organización, diferencias de la índole adecuada. Muy seguidamente el cruzamiento libre debe retardar notablemente el resultado. Muchos afirmarán que estas causas variadas son suficientes para anular el poder de la selección natural, pero yo no lo creo. Lo que estimo es que la selección natural trabajará generalmente con extremada lentitud, y solamente con prolongados intervalos, y ello exclusivamente sobre algunos de los moradores de la región. Estimo, asimismo, que estos lentos y discontinuos resultados encajan correctamente con aquello que la geología nos refiere respecto de la velocidad y el modo como se han modificado los organismos que habitan la Tierra.

Por lento que sea el proceso selectivo, si el hombre, criatura débil, puede hacer mucho empleando la selección artificial, no veo límites para las posibilidades de variación, para la belleza y la complejidad de las adaptaciones de todos los organismos entre sí, o con sus condiciones físicas existenciales, que pueden haber sido concretadas en el prolongado curso temporal mediante el poder de la selección natural, o sea: por la supervivencia de los más aptos.

## Extinción generada a causa de la selección natural

Este tema será planteado ampliamente en el capítulo sobre geología, mas nos referiremos a él ahora porque se encuentra en relación con la selección natural. Esta opera exclusivamente a través de la preservación de las transformaciones que acarrean alguna ventaja y que por ello persisten. A causa de la gran progresión geométrica en el incremento de los organismos vivientes, cada territorio se encuentra habitado íntegramente. De esto se desprende que así como la cantidad de ejemplares de las formas favorecidas se incrementa, también las menos favorecidas disminuirán y habitualmente terminarán por ser una rareza. La rareza, según señala la geología, es la antecesora de la extinción. Observemos que toda forma que posea escasos representantes corre un alto peligro de extinción absoluta en el curso de las vastas fluctuaciones naturales estacionales, o a causa de un incremento temporal del número de sus antagonistas. Podemos ir más allá: dado que se manifiestan nuevas formas, muchas de las antiguas deben extinguirse, a menos que supongamos que la cantidad de formas específicas puede incrementarse indefinidamente. Que éstas no han aumentado indefinidamente, lo señala prístinamente la geología; demostremos a continuación cómo es que la cantidad de especies en el globo no ha llegado a ser indescriptiblemente extensa.

Ya observamos que las especies más numerosas en ejemplares acaparan las más altas posibilidades de producir variaciones que sean favorables en un período determinado. Comprobamos esto gracias a los hechos señalados en el segundo capítulo, los que demuestran que las especies comunes y las difundidas o de mayor predominancia son las que poseen la mayor cantidad de variedades registradas. Por ello es que las especies raras se transformarán y perfeccionarán más lentamente en un período determinado. Como resultado, serán vencidas en la pugna existencial por la progenie modificada y perfeccionada de aquellas especies que son más comunes.

De estas consideraciones extraigo que, indefectiblemente, a medida que en el curso temporal se conforman especies novedosas a través de la selección natural, otras se irán haciendo menos comunes y finalmente se extinguirán. Las formas en competencia inmediata con las que atraviesan por mecanismos de modificación y perfeccionamiento sufrirán, desde luego, en mayor medida, y hemos visto en el capítulo que versa sobre el combate por la vida que las formas más afines (variedades de la misma especie y especies del mismo género o de géneros cercanos) son aquellas que, por ofrecer prácticamente la misma estructura, constitución y hábitos, entran habitualmente en una severísima competencia recíproca. Por esta causa cada nueva variedad o especie, en el curso de su conformación, luchará enérgicamente con sus parientes más cercanos y tratará de destruirlos. Observamos un proceso de eliminación similar en las producciones domésticas por la selección de formas perfeccionadas realizada por el hombre. Lo corroboran numerosos ejemplos llamativos, que demuestran la velocidad con la que nuevos linajes de ganado bovino, ovino y otros animales y nuevas variedades florales ocupan el lugar de las anteriores e inferiores. Es conocido que en Yorkshire el antiguo ganado bovino negro fue desalojado por el Long-horn, y éste fue "*arrasado por el Short-horn*" –son las palabras textuales de un agrónomo– "*como por una peste mortífera*".

## Divergencia de caracteres

El principio que denominé así es de gran importancia y entiendo que explica diversos hechos fundamentales. Primeramente las variedades, incluyendo aquellas muy marcadas, aun las que tengan algo de la índole de especies (como lo señalan las permanentes dudas, repetidas, en cuanto a cómo clasificarlas) resultan mucho menos diferentes entre sí que las especies genuinas y distintas. Empero yo opino que las variedades son especies en formación o, como las denominé yo, "especies incipientes". ¿De qué manera la diferencia pequeña presente entre las variedades se incrementa hasta transformarse en la mayor diferencia que existe entre las especies? Tenemos que concluir que esto así sucede sobre la base de que en el conjunto del medio natural la mayor porción de las incontables especies muestra diferencias completamente evidentes, en tanto que las variedades (las que suponemos que son prototipos y engendradoras de futuras especies bien definidas) manifiestan divergencias leves, poco definidas. Meramente la suerte pudo hacer que una variedad se diferenciara en algún aspecto de sus ancestros y que la progenie de esta variedad se diferenciara de ésta justamente en igual detalle pero en un grado mayor. Mas esto aislado no puede explicar una diferencia tan repetida y vasta como la presente entre las especies del mismo género.

Busqué alguna pista sobre ello en las producciones domésticas, hallando en ellas una analogía. Debe admitirse que la producción de razas tan diversas como el ganado bovino Short-horn y el Hereford; los caballos de carrera y los de tiro; los diversos linajes de palomas y demás, no pudo jamás tener lugar por la mera acumulación casual de variaciones parecidas durante generaciones sucesivas y numerosas. Llama la atención de un criador cierta paloma que posee un pico levemente más corto que el estándar y a un segundo criador lo atrae una paloma con el pico algo más largo. De acuerdo con el principio bien conocido de que "*los criadores no admiran ni admirarán el tipo medio, sino que gustan de los extremos*", los dos criadores seguirán –como ha sucedido con las subrazas de la paloma volteadora, por ejemplo– seleccionando y criando ejemplares con el pico cada vez más largo y con el pico más y más corto. Aún más: estamos en condiciones de suponer que, en un período histórico muy lejano, los hombres de una región dada precisaron disponer de los caballos más rápidos, en tanto que los de otra área necesitaron caballos más vigorosos y de mayor tamaño. Las primeras diferencias serían muy leves, pero con el paso del tiempo, por acción de la selección permanente de caballos más rápidos en un caso, y más poderosos en el otro, las diferencias se tornarían mayores y se distinguirían claramente, formando 2 subrazas. Finalmente y transcurridos varios siglos, ambas subrazas alcanzarían a transformarse en 2 razas diferentes y por completo establecidas. Al destacarse más y más diferencias, los ejemplares inferiores, dotados de características intermedias, o sea: ni muy veloces ni muy poderosos, no serían empleados para la cría y tenderían a desaparecer. Observamos en las producciones humanas la acción de lo que denominaremos el principio de divergencia, generando diferencias inicialmente apenas señalables pero que aumentan permanentemente, y que las razas se van separando, por sus características, las unas de las otras y asimismo del tronco común.

Cabe la siguiente pregunta, ¿cómo puede tener aplicación en la naturaleza un principio semejante? Estimo que puede aplicarse –y muy eficazmente, incluso cuando transcurrió mucho tiempo antes de que yo observara de qué manera sucedía– por el mero hecho de que cuanto más diverja la progenie de una especie cualquiera en cuanto a su estructura, constitución y hábitos, más capaces resultarán sus miembros para ocupar numerosas y bien diferenciadas ubicaciones en la economía natural y así serán capaces de incrementar su cantidad.

Puede observarse ello prístinamente en el caso de animales de hábitos simples, como el de un cuadrúpedo carnívoro cuyo número de individuos sea, desde hace tiempo, el promedio que puede mantenerse en una región cualquiera. Si se deja hacer a su capacidad de incremento, el animal exclusivamente puede lograr aumentar (ya que condiciones de la región no varían en absoluto) porque aquellos ejemplares de su progenie que cambien se hagan de los puestos ocupados por otros animales. Algunos, por ejemplo, porque pueden alimentarse de nuevas variedades de presas, muertas o vivientes; otros, por poblar nuevos parajes, treparse a los árboles o acercarse al medio acuático. Otros, quizá por haberse vuelto menos exclusivamente carnívoros. Cuanto más alcance a diferenciarse en lo que hace a hábitos y conformación la progenie de estos carnívoros, más puestos podrán ocupar.

Aquello que resulta aplicable a un animal se aplicará en toda época al conjunto de los animales en tanto que varíen, ya que de otra manera la selección natural no podrá accionar.

Algo similar sucede con los vegetales: experimentalmente se comprobó que si se siembra una porción de terreno con una exclusiva especie de gramínea, y otra porción parecida con diversos géneros de gramíneas, se obtendrá en este último caso una mayor cantidad de hierba seca que en el primer caso. Se ha demostrado que igual resultado se consigue sembrando en terrenos iguales una variedad y diferentes variedades mezcladas de trigo. De esto se desprende que si cualquier especie de gramínea se fuera transformando, y fuesen seleccionadas permanentemente las variedades que se diferenciaran entre sí de igual manera, por un detalle muy leve, que diferencia las diversas especies y géneros de gramíneas, una gran cantidad de ejemplares de esta especie, y asimismo sus descendientes transformados, lograrían vivir en el mismo terreno. Conocemos que cada especie y variedad de gramínea brinda cada año innumerables semillas, por lo que se esfuerza hasta el máximo por incrementar la cantidad de sus ejemplares. Sobre esta base, en el curso de miles de generaciones, las variedades más diferenciadas de una especie de gramínea tendrán las mayores oportunidades de vencer y aumentar la cantidad de sus ejemplares, suplantando de esa manera a las variedades menos diferenciadas; cuando se han vuelto muy diferentes entre sí, las variedades alcanzan el rango de especies.

El principio de que la cantidad máxima de vida puede sostenerse gracias a una vasta diversidad de conformaciones se aprecia en numerosas circunstancias en el medio natural. En un área muy pequeña, particularmente si se encuentra completamente franca a la inmigración, área donde la pugna entre individuos es altamente rigurosa, hallamos invariablemente una gran diversificación de sus moradores. Como ejemplo de lo antedicho, aprecié que una porción de césped, cuya superficie era de 90 cm por 120 cm y que había estado expuesta durante un largo período a las mismas exactas condiciones, contenía 20 especies vegetales, las que correspondían a 18 géneros y 8 órdenes. Esto demuestra cuánto esos vegetales diferían entre sí; igual sucede con los vegetales y los insectos en las islas pequeñas y uniformes, y en los charcos de agua dulce. Los agricultores pueden conseguir más productos efectuando una rotación de plantas de los más diversos órdenes; la naturaleza obedece a lo que denominaremos como "rotación simultánea". La mayoría de los animales y los vegetales que viven en torno de un pequeño terreno podrían vivir en él, suponiendo que su naturaleza no resulte ser extraordinaria, de alguna manera. Se puede afirmar que están esforzándose al máximo para poder vivir en ese reducido terreno, mas también se aprecia que cuando entran en pugna las ventajas de la diversidad estructural, sumadas a las diferencias de hábitos y constitución que las singularizan, determinan que los moradores que así lucharon correspondan, habitualmente, a géneros y órdenes diferentes.

Igual principio se percibe en la naturalización de plantas, por la acción humana, en otros países. Podría suponerse que las plantas que lograron llegar a naturalizarse en una región cualquiera tenían que haber sido muy afines a las autóctonas de esa región, dado que éstas son consideradas, habitualmente, como particularmente creadas y adaptadas a ella. Tal vez se podría suponer que los vegetales naturalizados correspondían a un reducido número de grupos más particularmente adaptados a ciertas comarcas en sus nuevas localizaciones. Mas el caso es muy diferente. De Candolle[59] ha señalado con el mayor acierto en su admirable obra[60], que la flora, en proporción a la cantidad de géneros y especies locales, aumenta, por naturalización, mucho más en nuevos géneros que en especies novedosas. Como ejemplo, en la última edición del *Manual of the Flora of the Northern United States*, del doctor Asa Gray, se contabilizan 260 plantas naturalizadas, que corresponden a 162 géneros. Observemos que estas plantas naturalizadas son de naturaleza muy diversa y que asimismo difieren grandemente de las plantas locales, ya que de los 162 géneros naturalizados no menos de un centenar no son propias de allí, y así se ha sumado una cantidad relativamente crecida a los géneros que prosperan hoy en los Estados Unidos.

Tomando en cuenta la naturaleza de los animales y los vegetales que en una región han luchado exitosamente con los representantes locales y se han aclimatado en ella, podemos hacernos una idea elemental respecto de cómo algunos orga-

59 Augustin Pyrame de Candolle, nació en Ginebra el 4 de febrero de 1778, donde falleció el 9 de septiembre de 1841. Fue un botánico y micólogo suizo. Se lo considera fundador, junto con Linneo, de la botánica y la sistemática vegetal moderna.

60 Darwin se refiere a *Regni vegetabilis systema naturale* (1824).

nismos locales deberían transformarse para alcanzar a tener ventajas sobre sus compatriotas; o como mínimo lograremos colegir qué diversidad conformativa, sumando hasta novedosas diferencias genéricas, les resultaría provechosa.

La ventaja de la diversidad estructural en los moradores de una misma región es la misma que la de la división fisiológica del trabajo en los órganos de un mismo individuo, tema tan bien esclarecido por Milne-Edwards[61]. Ningún fisiólogo se permite dudar de que un estómago adaptado a digerir exclusivamente vegetales, o únicamente carne, obtiene más nutrición de estas substancias. De la misma manera en la economía general de una región, cuanto más extensamente y diversificados para diversos hábitos se encuentren los animales y los vegetales, mayor será la cantidad de individuos que puedan alimentarse. Un conjunto de animales cuyos organismos sean poco diferentes escasamente podría competir con otro compuesto por organismos dotados de una mayor diversificación. Resultaría dudoso, como ejemplo, si los marsupiales australianos –divididos en grupos con pocas diferencias entre sí y que, como Mr. Waterhouse y otros autores señalaron, representan muy débilmente a nuestros carnívoros, rumiantes y roedores– podrían competir con buen éxito con estos órdenes que se hallan tan bien desarrollados. En los mamíferos australianos el proceso de la diversificación se encuentra en un estadio de desarrollo primitivo e incompleto.

61 Henri Milne-Edwards, nacido en Brujas el 23 de octubre de 1800 y fallecido en París el 29 de julio de 1885, fue un zoólogo francés, fundador de la escuela de la zoología fisiológica.

## Efectos probables de la selección natural, a través de la divergencia de caracteres y la extinción, sobre la progenie de un antepasado común

Tras la discusión anterior, que ofrecí muy condensada, podemos suponer que los descendientes modificados de cualquier especie prosperarán mejor cuanto más diversos alcancen a ser en su conformación, siendo así capaces de ocupar los puestos antes ocupados por otros organismos. Observemos cómo procede este principio de las ventajas derivadas de las diferencias de caracteres, sumado a los principios de la selección natural y la extinción.

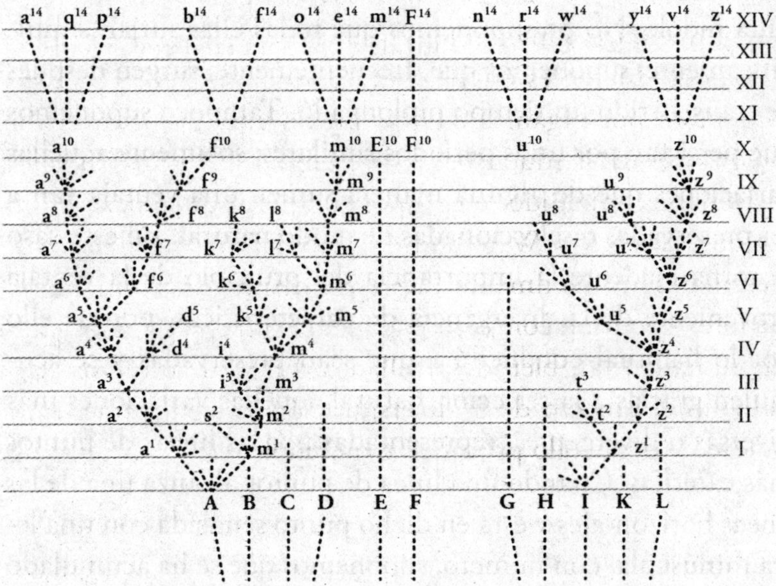

El cuadro anterior nos auxiliará para comprender esta cuestión, algo intrincada. Vamos ahora a suponer que desde la letra "A" a la "L" están representadas las especies de un género vasto en su propia región y que estas especies se parecen entre sí de modo desigual, como sucede en el medio natural y como también está representado en el cuadro, al encontrarse las letras a diferentes distancias. Mencioné lo de un género vasto debido a que –como ya expresé en el capítulo segundo– en proporción, varía un mayor número de especies en los géneros extensos que en los pequeños, y las especies que varían y corresponden a los géneros vastos ofrecen mayor cantidad de variedades. Asimismo he señalado que las especies que resultan ser más comunes y difundidas varían más que las especies que son raras y ofrecen una difusión reducida. Siendo "A" una especie común, de gran difusión y variable, correspondiente a un género vasto en su propia región. Las líneas de puntos ramificados y divergentes de tamaño desigual y que proceden de "A", pueden representar su cambiante descendencia. Suponemos que las variaciones son muy leves, pero de la más distinta índole. No presuponemos que todas ellas surjan simultáneamente; suponemos que, frecuentemente, surgen después de transcurrido un tiempo prolongado. Tampoco suponemos que persistan por unos períodos similares; solamente aquellas variaciones que de alguna manera sumen una ventaja van a ser preservadas o seleccionadas de modo natural. En este caso se torna evidente la importancia del principio de la ventaja proveniente de la divergencia de características, porque ello por lo habitual conducirá a que sean preservadas y se acumulen gracias a la selección natural aquellas variaciones más diversas o divergentes, representadas por las líneas de puntos más externas. Cuando una línea de puntos alcanza una de las líneas horizontales y está en dicho punto señalada con una letra minúscula, con número, suponemos que se ha acumulado un número de variaciones adecuado para establecer una variedad bien marcada. Tanto es así, que se la estimaría suficiente como para ser registrada en un tratado sistemático.

Los intervalos entre líneas horizontales pueden representar, cada uno de ellos, mil generaciones o un número aún mayor. Pasadas mil generaciones, supondremos que la especie "A" ha generado 2 variedades muy bien marcadas, que denominamos "$a^1$" y "$m^2$". Ambas variedades habitualmente se encontrarán aún sujetas a las condiciones que llevaron a sus ancestros a transformarse y la inclinación por la variabilidad es, en sí misma, una tendencia hereditaria. Por ello es que propenderán asimismo a modificarse y habitualmente lo harán prácticamente de igual manera a como lo hicieron sus antepasados. Inclusive ambas variedades, como consisten en formas apenas levemente transformadas, se verán inclinadas a recibir como herencia aquellas las ventajas que tornaron a su tronco común "A" más abundante que la mayoría de los otros moradores regionales. Asimismo ellas participarán de las ventajas generales que hicieron del género a que correspondió la especie madre "A" un género vasto en su propia región. Todas las circunstancias referidas resultan ser favorables para el surgimiento de variedades novedosas.

Si ambas variedades son variables aquellas de sus variaciones mayormente divergentes serán preservadas generalmente durante las mil generaciones posteriores. Luego de este período suponemos que la variedad "a1" del cuadro generó la variedad "$a^2$", una que a causa del principio de la divergencia, diferirá más de "A" de lo que difirió la variedad "$a^1$". La variedad "$m^1$" estimamos que generó dos variedades, "$m^2$" y "$s^2$", diferentes entre sí y todavía más de su ancestro común "A". El proceso puede seguir, por grados similares, durante cualquier período, originando algunas de las variedades. Luego de cada mil generaciones solamente una variedad, mas de condición cada vez mayormente modificada; generando otras –2 o 3 variedades– y no alcanzando otras a originar ninguna. Así las variedades o descendientes modificados del tronco común "A" seguirán –habitualmente sucederá de tal modo– incrementando su número y diferenciándose en cuando a diversas características. En el cuadro el proceso se encuentra representado hasta llegar a la diezmilésima generación; de modo condensado y simplificado, hasta arribar a la catorcemilésima generación.

No estimo que el proceso continúe siempre de manera tan regular como está representado en el cuadro, pese a que el cuadro ya sea algo irregular. Tampoco que se desarrolle sin interrupciones. Será mucho más probable que cada forma siga inalterada durante prolongados períodos y sufra luego otra modificación. Tampoco creo que las variedades más divergentes se conserven sin modificación; frecuentemente una forma media puede alcanzar a perdurar prolongadamente y producir no más de una forma descendiente modificada. Esto es debido a que la selección natural opera de acuerdo con la naturaleza de los puestos que se hallen sin ocupar, o estén ocupados inadecuadamente y ello dependerá de relaciones indescriptiblemente complejas. Sin embargo y por regla general, cuanto más diferente pueda resultar la conformación de los descendientes de una especie, más puestos podrán ocupar y más incrementará su descendencia modificada. En el gráfico la línea sucesoria se encuentra interrumpida regularmente por letras minúsculas con un número; señalan las formas sucesivas que alcanzaron a constituirse lo suficientemente diferentes como para recibir el estatus de variedades. Mas estas interrupciones son imaginarias y podrían haber sido ubicadas en un punto cualquiera luego de intervalos que fuesen lo adecuadamente largos como para posibilitar la acumulación de una considerable variación divergente.

Dado que el conjunto de los descendientes modificados de una especie común y de alta difusión, correspondiente a un género amplio, estará inclinado a participar de las mismas ventajas que llevaron a sus ancestros a imponerse en la pugna por la vida, por lo habitual continuarán multiplicándose y diferenciándose en cuanto a características. Ello se encuentra representado en el gráfico por las diversas ramas divergentes que surgen de "A". La descendencia modificada de las ramas más modernas y perfeccionadas de las líneas de descendencia seguramente ocupará el sitio de las ramas más añejas e imperfectas, eliminándolas. Esto está representado en el gráfico por alguna de las ramas inferiores que no llega hasta las líneas horizontales superiores. En ciertos casos el proceso modificatorio estará reducido a una exclusiva línea de descendencia, y la cantidad de descendientes modificados no crecerá, pese a que la divergencia de la modificación puede haberse incrementado. Este caso estará representado en el gráfico cuando el conjunto de las líneas que surgen de "A" se encuentren suprimidas, salvo aquella línea que corre desde "$a^{1}$" hasta "$a^{10}$"; así, el caballo de carreras y el *pointer* británicos han ido diferenciándose paulatinamente en sus características de los ramales primigenios, sin que hayan alcanzado a originar una rama o raza nuevas.

Transcurridas 10 mil generaciones, es de suponer que la especie "A" produjo 3 formas: "$a^{10}$", "$f^{10}$" y "$m^{10}$". Formas que gracias a haber divergido en sus características a través de sucesivas generaciones, alcanzaron a diferir grande aunque quizá desigualmente las unas de las otras y de su tronco en común. Suponiendo que la transformación entre 2 líneas horizontales del gráfico es muy leve, estas 3 formas podrían constituir apenas variedades bien manifiestas, mas no cabe más que inferir que los adelantos en la modificación son más abundantes o mayores para que estas formas se transformen en especies dudosas o mínimamente en variedades bien definidas. Así, el gráfico señala los grados según los cuales las pequeñas diferencias que hacen notorias las variedades crecen hasta obtener el rango de diferencias mayores que caracterizan a las especies. Siguiendo igual desarrollo durante un crecido número de generaciones tal como lo demuestra el gráfico condensada y simplificadamente, tenemos entonces 8 especies, marcadas desde "$a^{14}$" a "$m^{14}$", provenientes todas ellas de "A". Así se multiplican las especies y se conforman los géneros.

En el seno de un género amplio es factible que más de una sola especie deba transformarse. En el gráfico señalo que otra especie "I" generó por fases similares –transcurridas 10 mil generaciones– 2 variedades bien definidas: "$w^{10}$" y "$z^{10}$". O 2 especies, de acuerdo con la intensidad del cambio que se suponga que está representada entre las líneas horizontales. Luego de 14 mil generaciones, se estima que se han originado 6 nuevas especies, señaladas por "$n^{14}$" a "$z^{14}$". En todo género, las especies que ya resulten ser muy diferentes entre sí tenderán generalmente a originar la más crecida cantidad de descendientes modificados, ya que son las que tendrán más posibilidades de ocupar puestos nuevos, muy diferentes, en la economía natural. Debido a esto en el gráfico seleccioné la especie extrema "A" y la especie casi extrema "I" como aquellas que ofrecen la mayor variación y produjeron variedades y especies nuevas. Las otras 9 especies, que están señaladas mediante letras mayúsculas, del género primigenio pueden persistir brindando durante prolongados aunque desiguales períodos una descendencia no modificada. Ello es representado en el gráfico por líneas de puntos que se extienden desigualmente hacia arriba. Mas en el proceso de modificación presentado en el gráfico otro principio –el de la extinción– habrá tenido un rol fundamental. Como en cada región poblada en su totalidad la selección natural debe obrar porque la forma seleccionada posee cierta ventaja en la pugna existencial por encima de otras formas, existirá una inclinación permanente en los descendientes perfeccionados de una especie cualquiera a suplantar y destruir en cada generación a sus antecesores y su tronco primigenio. Para ello se debe tomar en cuenta que la pugna será habitualmente más implacable entre las formas que se encuentren más relacionadas entre sí en lo que respecta a hábitos, constitución y estructura. Por ello todas las formas intermedias entre el estadio primigenio y las más recientes, o sea entre los estadios más imperfectos y aquellos más perfeccionados de la misma especie, así como también la misma especie madre primigenia, tenderán habitualmente a la extinción, lo que sucederá con toda posibilidad con numerosas ramas colaterales, que serán derrotadas por ramas más modernas y mejoradas. Empero, si la descendencia mejorada de una especie ingresa en una región diferente o se adapta rápidamente a una estación completamente nueva, en la que la descendencia y el tipo primigenio no entren en pugna, pueden ambos continuar existiendo.

Admitiendo que el gráfico representa una cantidad considerable de modificación, la especie "A" y el conjunto de las variedades primigenias habrán desaparecido, siendo reemplazadas por 8 especies nuevas: desde "$a^{14}$" a "$m^{14}$". La especie "I" será reemplazada por 6 novedosas especies: "$n^{14}$" a "$z^{14}$".

Yendo todavía más lejos en nuestras suposiciones, las especies primigenias de nuestro género estimábamos que se parecían las unas a las otras desigualmente, como sucede por lo habitual en el medio natural, siendo la especie "A" más cercana a "B", "C" y "D" que a las otras y la especie "I" más cercana a "G", "H", "K" y "L" que a las otras especies. Asimismo supusimos que las especies "A" e "I" eran especies muy comunes y difundidas, por lo que debían poseer originariamente cierta ventaja sobre la mayoría de las otras especies del género. Sus descendientes modificados, en número de 14, a la catorcemilésima generación habrán heredado seguramente determinadas ventajas. Asimismo se habrán modificado y perfeccionado de diferente manera a través de cada generación, por lo que se habrán adaptado a numerosos puestos adecuados en la economía natural. Parece por esta causa muy factible que hayan ocupado los puestos, no sólo de sus ancestros "A" e "I", sino asimismo los de numerosas especies primigenias más parecidas a sus ancestros, eliminándolas. Por ello muy pocas de las especies primigenias habrán transmitido descendientes a la catorcemilésima generación. Estamos en condiciones de suponer que sólo una: "F", de las especies "E" y "F" que eran las menos afines de las otras 9 especies primitivas dieron descendientes hasta esta última generación.

Las nuevas especies del gráfico, que descienden de las 11 primigenias, sumarán ahora 15; por la tendencia divergente de la selección natural, la divergencia mayor de las características entre las especies "$a^{14}$" y "$z^{14}$" resultara mucho mayor que entre las más diversas de entre las 11 especies primigenias. Asimismo las nuevas especies se encontrarán relacionadas entre sí muy diversamente. De las 8 descendientes de "A", las 3 señaladas por "$a^{14}$", "$q^{14}$" y "$p^{14}$" estarán extremadamente relacionadas al haberse separado recientemente de "$a^{10}$", "$b^{14}$" y "$f^{14}$". Al haberse separado en un período anterior de "$a^{5}$", serán bien diferentes de las 3 especies inicialmente señaladas. Agreguemos que "$o^{14}$", "$e^{14}$" y "$m^{14}$" tendrán gran relación mutua, mas al haberse separado desde el inicio de la modificación serán marcadamente distintas de las otras 5 especies, y alcanzar a establecerse como un subgénero o género diferente.

Los 6 descendientes de "I" van a conformar 2 subgéneros o 2 géneros, mas dado que la especie primigenia "I" se diferenciaba en mucho de "A", al encontrarse ubicada casi en el otro extremo del género, los 6 descendientes de "I", solamente por herencia, van a diferenciarse mucho de los 8 descendientes de "A". Sin embargo se estima que ambos grupos continúan diferenciándose en direcciones divergentes. Resulta fundamental tomar en cuenta lo que sigue: las especies de rango intermedio que conectaban las especies primigenias "A" e "I" (con la única excepción de "F") se encuentran extintas y sin ninguna descendencia. Por ello las 6 especies nuevas que provienen de "I" y las 8 que descienden de "A" serán clasificadas como géneros marcadamente diferentes e inclusive como subfamilias distintas.

Tal es mi opinión respecto a la manera en que 2 o mayor número de géneros se originan, por descendencia con modificación, de 2 o más especies de igual género. Las 2 o más especies originarias se estima que descendieron de una especie de un género anterior. En el gráfico esto está indicado por las líneas interrumpidas debajo de las letras mayúsculas, líneas que por debajo coinciden en grupos hacia un punto en común. Dicho punto representa una especie: el progenitor supuesto de los diversos subgéneros y géneros nuevos.

Conviene reflexionar sobre el carácter de la nueva especie "$f^{14}$", que se estima no ha cambiado demasiado y ha conservado la forma de "F" sin alteración, o apenas alterada. En tal caso, sus relaciones con las otras 14 especies novedosas resultarán curiosas e indirectas. Al descender de una forma ubicada entre las especies originarias "A" e "I", supuestas como extinguidas y desconocidas, será, de determinada manera, intermedia entre los 2 grupos descendientes de ambas especies; mas como estos 2 grupos siguieron diferenciándose característicamente del tipo de sus ancestros, la nueva especie "$f^{14}$" no resultará intermedia entre ellos, sino entre tipos de los 2 grupos, y cualquier naturalista está en condiciones de mencionar casos parecidos.

Se ha supuesto hasta este punto que en el gráfico cada línea horizontal representa 1.000 generaciones, mas cada una de ellas puede representar 1.000.000 de generaciones, o hasta un número todavía mayor. Puede también representar una porción de los estratos sucesivos de la corteza terrestre, que conserva restos de organismos extintos. Cuando arribemos al capítulo que trata de la geología retomaremos este tema, y entonces veremos que el gráfico aclara las relaciones entre los seres extintos. Organismos que, pese a que correspondan a idénticos órdenes, familias y géneros que los que actualmente existen, empero son frecuentemente intermedios en determinado grado entre los grupos existentes. Esta situación se explica porque las especies extintas vivieron en distintas épocas lejanas, cuando aún las ramificaciones de las líneas de descendencia se encontraban menos separadas.

No hay razón para limitar el proceso de ramificación, como queda dicho, a la formación exclusiva de géneros. Si en el gráfico suponemos que es vasto el cambio representado por cada grupo sucesivo de líneas divergentes de puntos, las formas "$a^{14}$" a "$p^{14}$", las "$b^{14}$" y "$f^{14}$" y las formas "$o^{14}$" a "$m^{14}$" conformarán 3 géneros bien distintos. Señalaremos asimismo 2 géneros muy diferentes y descendientes de "I", distintos en grado sumo de los descendientes de "A". Ambos grupos de géneros conformarán así 2 familias o 2 órdenes diversos, de acuerdo con la cantidad de modificación divergente que se estime representada en el gráfico. Las 2 nuevas familias o los 2 órdenes descienden de 2 especies del género primigenio; se estima que éstas provienen de alguna forma desconocida, todavía más añeja.

Comprobamos que en cada región las especies que corresponden a los géneros mayores son las que más seguidamente exhiben variedades o especies incipientes. Ello era de suponer, dado que como la selección natural opera a través de formas que poseen alguna ventaja sobre otras en la pugna vital, trabajará particularmente sobre aquellas formas que tienen ya cierta ventaja. La magnitud de un grupo cualquiera demuestra que sus especies heredaron de un ancestro recíproco alguna ventaja que tienen en común. Por ello es que la contienda por la generación de descendientes nuevos y modificados tendrá lugar habitualmente entre los grupos mayores, consagrados a aumentar su número. Un grupo amplio se impondrá paulatinamente sobre otro grupo extenso, lo reducirá en número y hará decrecer de tal modo sus posibilidades posteriores de variación y perfeccionamiento. En el seno del mismo grupo amplio, los subgrupos más flamantes y perfeccionados, por haberse separado y adueñado de numerosos puestos nuevos en la economía natural, tenderán a suplantar y eliminar sin pausa ni cuartel a los subgrupos más arcaicos e imperfectos. Los grupos y subgrupos pequeños y fragmentarios terminarán por desvanecerse. Es posible anticipar que los grupos de organismos que en la actualidad son grandes y triunfadores y que se encuentran escasamente interrumpidos, aquellos que hasta nuestros tiempos padecieron menores extinciones, seguirán incrementándose durante un período extenso, mas no se puede predecir qué grupos se impondrán en definitiva, ya que es conocido que numerosos grupos otrora bien desarrollados culminaron por extinguirse. Mirando todavía más lejanamente en el futuro es factible anticipar que, a causa del crecimiento permanente y asegurado de los grupos mayores, un sinnúmero de los grupos pequeños va a extinguirse y no dejará descendencia modificada. Así de las especies que viven en un período determinado, muy pocas arrojarán descendencia a un futuro lejano. Volveré sobre este tema en el capítulo referido a la clasificación, mas añadiré que, de acuerdo con esta hipótesis, la descendencia de muy pocas de las especies más arcaicas ha llegado a nuestros días. Dado que el conjunto de los descendientes de una misma especie conforman una clase, se puede comprender por qué existen tan escasas clases en cada una de las divisiones fundamentales del reino animal y el vegetal. Pese a que son contadas las especies más arcaicas que han dejado descendientes modificados, en lejanas eras geológicas la Tierra pudo haber estado casi tan poblada como hoy por especies correspondientes a numerosos géneros, familias, órdenes y clases.

## Respecto del grado al que se inclina el progreso de la organización

La selección natural opera sólo a través de la conservación y la acumulación de variaciones que resulten ventajosas, en las condiciones orgánicas e inorgánicas a que cada organismo está sometido en la suma de los períodos de su vida. El resultado definitivo es que cualquier organismo tiende a perfeccionarse en mayor y mayor grado, en relación con las condiciones. Este perfeccionamiento lleva inevitablemente al desarrollo progresivo de la organización del mayor número de seres vivientes, en todo el globo. Es éste un asunto de la mayor complejidad, dado que los naturalistas no alcanzaron a definir aceptablemente aquello que pueda ser comprendido como progreso organizativo.

En lo que respecta a los vertebrados tienen gran importancia 2 factores: el grado de inteligencia y la aproximación a la conformación del hombre. Podría suponerse que la intensidad de la transformación que las diversas partes y órganos sufren durante su desarrollo, a partir del estadio embrionario hasta llegar a la adultez, alcanzaría para establecer una comparación. Sin embargo existen ciertos casos, como el de algunos crustáceos parásitos, en los que diversas porciones estructurales se tornan menos perfectas, por lo que no es posible afirmar con propiedad que la forma adulta sea superior a la larval. El método comparativo establecido por von Baer[62] resulta ser el más adecuado, sobre la base del grado de diferenciación de las secciones del mismo organismo (añado yo: en su etapa adulta) y su especialización para concretar distintas funciones o, como diría Milne Edwards, respecto del perfeccionamiento en la división del trabajo fisiológico.

Se pone de relieve lo intrincado de este tema si observamos el ejemplo que nos proveen los peces. Determinados naturalistas estiman como superiores a los peces que, como acontece con los escualos, se acercan más a los anfibios, mien-

62 Karl Reinhold Ernst von Baer, nacido en Piibe el 17 de febrero de 1792 y muerto el 26 de noviembre de 1876, fue un biólogo, geólogo, geógrafo y botánico alemán, fundador de la embriología.

tras que otros colegas suponen que son superiores los peces óseos comunes, o teleósteos, pues éstos son los más rigurosamente pisciformes y se diferencian más de las otras clases de vertebrados. Se aprecia todavía mejor lo abstruso del problema fijando la atención en los vegetales, caso en el que queda absolutamente excluido el criterio de inteligencia; ciertos botánicos estiman como superiores a los vegetales que poseen todos los órganos –sépalos, pétalos, estambres y pistilo– completamente desarrollados en cada flor. Otros botánicos, tal vez con una razón mayor, estiman como superiores a los vegetales que ofrecen diferentes órganos muy modificados y en número reducido.

Si clasificamos como tipo de organización superior la intensidad de la diferenciación y la especialización de los diversos órganos en cada organismo adulto (condición que incluye el desarrollo cerebral respecto de fines intelectuales), con plena evidencia la selección natural guía a este tipo organizativo, ya que la suma de los fisiólogos concluyen que la especialización orgánica, tomando en cuenta que en este estadio es cuando los seres vivientes realizan mejor sus funciones, es una ventaja para cualquier organismo. Consiguientemente, la acumulación de cambios conducentes a la especialización pertenece a la selección natural. Asimismo, resulta observable –entendiendo que los organismos se esfuerzan por incrementar su número en una progresión elevada y adueñarse de cualquier puesto desocupado, o imperfectamente ocupado, en la economía natural– que sea completamente factible para la selección natural adaptar un organismo a una situación en la que distintos órganos resulten superfluos o inútiles; en tales casos habría retrocesos organizacionales. En el capítulo referido a la sucesión geológica se debatirá con mayor oportunidad si la organización en conjunto efectivamente ha progresado desde los más lejanos períodos geológicos hasta la actualidad.

Mas si el conjunto de los organismos se inclinan por elevarse así en la escala, podríamos cuestionarnos cómo es posible que haya aún infinidad de formas inferiores en todo el globo y también, es que existen formas mucho más desarrolladas que otras que integran las clases mayores.

Asimismo, asoma el interrogante respecto de cómo es posible que las formas más perfectas no han acabado en toda la Tierra con aquellas que son inferiores.

Lamarck[63], quien suponía la existencia de una inclinación innata e inevitable hacia la perfección presente en el conjunto de los organismos, percibió tan fuertemente esta dificultad que supuso que permanentemente surgen por generación espontánea formas nuevas y sencillas. Hasta llegado el momento actual la ciencia no ha demostrado esta hipótesis, sea lo que sea que el futuro vaya a revelarnos.

De acuerdo con mi teoría, la conservación de los organismos inferiores es posible porque la selección natural, o la supervivencia de los más aptos, no incluye obligatoriamente un desarrollo progresivo; aprovecha las variaciones según éstas van apareciendo y resultan beneficiosas para cada organismo y sus complejas relaciones vitales. Cabe preguntarse qué ventaja habría (hasta donde podamos entenderlo) en que un infusorio, un gusano intestinal o inclusive una lombriz de tierra, alcanzara una organización superior. Si no hubiese alguna ventaja, la selección natural tendría que abandonar a estas formas inferiores en su estado de imperfección o las mejoraría escasamente, y podrían seguir indefinidamente en su estadio inferior actual.

63 Jean-Baptiste-Pierre-Antoine de Monet de Lamarck, nacido en la Picardía el 1 de agosto de 1744 y fallecido en París el 18 de diciembre de 1829, fue un célebre naturalista francés, uno de los "4 grandes" de la sistematización de la historia natural, junto con Carl Nilsson Linneo; Georges Louis Leclerc, conde de Buffon, y Georges Léopold Chrétien Frédéric Dagobert Cuvier. Lamarck estableció la primera teoría evolutiva biológica.

La geología señala que ciertas formas inferiores, tales como los infusorios y los rizópodos, han seguido siendo durante un período extensísimo prácticamente inmutables, como en su estado actual. Mas estimar que la mayor proporción de las abundantes formas inferiores que llegaron a la actualidad no progresó en lo más mínimo desde la inicial aparición de la vida sería absolutamente arriesgado, ya que cualquier naturalista que haya disecado alguno de los organismos ubicados hoy como muy inferiores en la escala de la clasificación natural, debe haberse asombrado de su organización, ciertamente bella y digna de la mayor admiración.

Similares observaciones pueden hacerse considerando los diversos grados organizacionales presentes en los grupos mayores. Como ejemplo de lo antedicho, nombremos la coexistencia de mamíferos y peces entre los vertebrados; la del hombre y el Ornithorhynchus entre los mamíferos; la vigente, entre los peces, del tiburón y el Amphioxus, este último un pez que, por su gran simpleza estructural, se acerca a los invertebrados. Mas los mamíferos y los peces casi no entran en competencia recíproca; el progreso del conjunto de la clase de los mamíferos y de ciertos miembros de esta clase hasta el grado más alto no los conduciría a ocupar el sitial de los peces. Los fisiólogos estiman que el cerebro precisa estar bañado de sangre caliente para permanecer activo. Esto requiere de una respiración aérea, de manera que los mamíferos, que son organismos de sangre caliente, cuando habitan en el agua se encuentran en una situación desventajosa, por su necesidad de subir siempre a la superficie para poder respirar. Entre los peces, los individuos de la familia de los tiburones no tienden a suplantar al Amphioxus, ya que éste, según me informa Fritz Müller[64],

64 Johann Friedrich Theodor Müller, nacido el 31 de marzo de 1821 y fallecido el 21 de mayo de 1897, fue un naturalista y biólogo alemán, ferviente defensor de la teoría de la evolución.

tiene por exclusivo compañero y competidor, en la pobre costa brasileña meridional, un anélido anómalo. Los 3 órdenes inferiores de mamíferos, a saber: los marsupiales, los desdentados y los roedores, moran juntos en América del Sur en la misma región que habitan abundantes monos, y seguramente se producen pocos conflictos entre ellos. Inclusive en aquellos casos en que la organización haya avanzado –y está aún realizando su avance en todo el globo– la escala presentará numerosos grados de perfección, ya que el gran progreso de determinadas clases enteras, o de ciertos miembros de cada clase, no lleva obligatoriamente a la extinción de los grupos con los cuales aquéllos no se encuentran en abierta competencia. En ciertos casos –y esto lo abordaremos luego– formas organizacionales inferiores parecen haberse preservado hasta la actualidad por haber vivido en estaciones reducidas o muy particulares, donde han estado sometidas a una competencia más piadosa y donde su poco número retrasó la casualidad de que hayan aparecido variaciones favorables.

Como conclusión estimo que, por diversas causas, existen aún en el globo numerosas formas organizacionales inferiores. En ciertos casos pueden no haber aparecido jamás modificaciones o diferencias individuales de índole favorable para que la selección natural opere sobre ellas, acumulándolas. En ningún caso, con toda factibilidad, el tiempo ha resultado suficiente para implementar todo el desarrollo posible. En determinados casos tuvo lugar que podemos denominar como "retroceso organizacional". Mas la causa fundamental consiste en que bajo condiciones vitales muy simples, una alta organización no serviría de nada. Tal vez sería un positivo perjuicio, por ser de índole más delicada y susceptible de descomponerse y ser eliminada.

Tomando en cuenta la primera aparición de la vida, cuando el conjunto de los organismos presentaban estructuras muy sencillas, ha surgido el interrogante respecto de cómo pudieron originarse los iniciales pasos en el progreso o la diferenciación de las partes. Herbert Spencer[65] seguramente respondería que tan pronto como un mero organismo unicelular –por crecimiento o mediante división– alcanzó a estar compuesto por células diversificadas, o a estar adherido a cualquier superficie de sostén, se le aplicaría su ley: "*que las unidades homólogas de cualquier orden dado se diferencian a medida que sus relaciones con las fuerzas incidentes se tornan distintas*". Mas considerando que no disponemos de hechos que nos guíen, la especulación sobre este punto resulta prácticamente inútil. Sin embargo supondría un yerro estimar que no se produciría combate alguno por la existencia ni selección natural hasta que surgieran muchas formas, pues las variaciones de una sola especie que vive en una región aislada pudieron resultar benéficas, y así el conjunto de los individuos alcanzó a modificarse y se generaron 2 especies distintas. Mas nadie debe asombrarse de cuánto queda aún sin explicación respecto del origen de las especies, si tomamos en cuenta nuestra gran ignorancia sobre las relaciones de los habitantes del globo en los tiempos presentes, y aún más en lo que hace a las relaciones que guardaban en épocas pretéritas.

## La convergencia de los caracteres

H. C. Watson[66] opina que yo exageré la importancia de la divergencia de caracteres (en la cual cree Watson, sin embargo) y que la convergencia, como puede ser denominada, ha

65 Herbert Spencer, nacido en Derby el 27 de abril de 1820 y fallecido en Brighton el 8 de diciembre de 1903, fue un filósofo, naturalista y sociólogo inglés, firme defensor y difusor del darwinismo social.

66 Hewett Cottrell Watson, nacido en Firbeck el 9 de mayo de 1804 y fallecido en Thames Ditton el 27 de julio de 1881, fue un botánico, ecólogo y evolucionista inglés.

representado del mismo modo su rol. Si 2 especies correspondientes a géneros diferentes, aunque cercanos, hubiesen generado un crecido número de formas novedosas y divergentes, puede suponerse que éstas pudieran recíprocamente parecerse en tal grado que habría que clasificarlas a todas en igual género y así, los descendientes de 2 géneros diferentes coincidirían en uno. Mas en la mayor proporción de los casos sería muy arriesgado asignarle a la convergencia el parecido estructural particular y general entre los descendientes modificados de formas muy distintas. La forma de un cristal está signada en exclusividad por las fuerzas moleculares, y no resulta llamativo que sustancias diferentes adquieran en ciertas ocasiones la misma forma. Mas para el caso de los organismos debemos tener en mente que la forma de cada uno de ellos se encuentra en dependencia de un sinnúmero de relaciones complicadas, como ser: de las variaciones que han tenido, por razones muy abstrusas para ser investigadas, de la índole de las variaciones que se han preservado o han sido seleccionadas. Esto depende de las condiciones físicas ambientales y –todavía en un grado mayor– de los organismos que rodean a cada ser, con los que entran en competencia. Finalmente, depende también de la herencia –un elemento fluctuante– proveniente de incontables ancestros; cada uno de estos ha tenido su forma, determinada por relaciones similarmente complejas. No es admisible que los descendientes de ambos organismos que primitivamente habían diferido de un modo determinado, coincidiesen tanto con posterioridad que ello condujera al conjunto de su organización a acercarse mucho a la identidad. Si así hubiera acontecido, hallaríamos la misma forma, que se repetiría, libre de conexiones genéticas, en estratos geológicos muy separados. La comparación de los elementos probatorios desmiente tal admisión.

Mr. Watson objetó asimismo que la acción continuada de la selección natural, sumada a la divergencia de caracteres, tendería a generar una cantidad indefinida de formas específicas. En lo que hace a las condiciones estrictamente inorgánicas, es posible que una cantidad adecuada de especies se adapte pronto a las notables diferencias de calor, humedad, y otros factores, mas yo admito que resultan más importantes las relaciones recíprocas de los organismos, y, como la cantidad de especies en cualquier región se va incrementando, las condiciones orgánicas vitales deben volverse cada vez más complejas. A primera impresión no hay límite para la diferenciación estructural ventajosa, lo que implica que tampoco lo hay para la cantidad de especies que pueden originarse. No nos consta que ni siquiera la región más feraz esté habitada hasta el máximo de su capacidad por formas específicas. Como ejemplo de ello, en el Cabo de Buena Esperanza y en Australia, donde encontramos una variedad de especies asombrosa, se han afincado numerosas plantas de origen europeo. La geología nos confirma que el número de especies de conchas, desde el período terciario, y el de mamíferos, desde la mitad del mismo período, no se ha incrementado excesivamente, si es que verdaderamente ha crecido algo. ¿Cuál es el factor, entonces, que no posibilita un incremento indefinido de la cantidad de especies? La cantidad de vida, sin que yo esté hablando del número de formas específicas, sostenida por un territorio en franca dependencia de las condiciones físicas debe tener un límite. Por ello, si un territorio está poblado por abundantes especies, todas o la mayoría de ellas tendrán como representantes a escasos ejemplares y se encontrarán expuestas a la extinción por las modificaciones accidentales estacionales o la cantidad de antagonistas. El proceso de eliminación en estos casos sería muy rápido, en tanto que la generación de especies nuevas es lenta. Supongamos que hubiera en Inglaterra tantas especies como individuos; el primer invierno riguroso o el primer verano seco acabaría con millares de especies. Las especies raras (y toda especie alcanzará a serlo si el número de especies de una región crece indefinidamente) presentarán dentro de un período dado, de acuerdo con el principio tantas veces señalado, escasas variaciones ventajosas. Como resultado, el proceso de originar nuevas formas específicas sufriría una demora.

Cuando una especie se torna muy rara los cruzamientos consanguíneos van a contribuir a su extinción. Ciertos autores suponen que ello explica la decadencia de los bisontes lituanos, el ciervo escocés, los osos noruegos, etc. Asimismo –y estimo que es el factor fundamental– una especie dominante que ya triunfó sobre un gran número de sus rivales en su propio territorio tenderá a extenderse y reemplazar a muchas otras especies. De Candolle demostró que las especies que se extienden mucho por lo general se inclinan por extenderse mucho más. Éstas tenderán a reemplazar y destruir a diversas especies en diversos territorios, y así detendrán el desordenado incremento de formas específicas en el globo. El Dr. Hooker demostró hace poco que en el extremo sudeste de Australia, donde moran numerosos invasores venidos de distintas regiones del mundo, la cantidad de especies autóctonas australianas ha mermado notablemente. No intento fijar qué importancia debe asignársele a estas consideraciones, mas sumados los señalados factores deben fijarle un límite en cada región a la tendencia a un aumento indefinido de las especies.

## Resumen

En condiciones vitales cambiantes los organismos acusan diferencias individuales en casi toda su estructura. Ello es indiscutible. Existe, por su progresión geométrica, una pugna vital en alguna edad, estación o año y ello también es indiscutible. Tomando en cuenta entonces la complejidad de las relaciones recíprocas de los organismos y las relaciones con sus condiciones vitales, que tornan benéfica para ellos una ilimitada diversidad estructural, constitutiva y de costumbres, sería un hecho fuera de lo común que no se hubiesen presentado jamás variaciones ventajosas para cada ser, así como ha sucedido con el hombre. Si las variaciones útiles a un organismo suceden alguna vez, los individuos que las sufran contarán con las mejores oportunidades vitales, y, por el principio de la herencia, generarán descendientes similares. A este principio lo he llamado selección natural y lleva al perfeccionamiento de los organismos en relación con sus condiciones vitales orgánicas e inorgánicas, y, mayoritariamente a un progreso organizacional. Mas los organismos inferiores y simples perdurarán mucho si resultan adecuados a sus simples condiciones vitales.

La selección natural, porque las cualidades se heredan a las edades adecuadas, puede modificar el huevo, la semilla o el ejemplar joven tan fácilmente como al adulto. En muchos casos la selección sexual contribuirá a la selección ordinaria, y los machos más fuertes y adaptados tendrán más descendientes. La selección sexual brindará caracteres útiles sólo a los machos en sus luchas con otros machos, y ellos se transmitirán a uno o ambos sexos, según el tipo de herencia predominante.

Si la selección natural ha obrado así positivamente, adaptando las diversas formas orgánicas a las diversas condiciones y estaciones, debe juzgarse por el contenido general de los capítulos siguientes y las pruebas que ellos brindan. Señalamos que la selección natural origina extinción, y la geología demuestra el gran papel de la extinción en la historia natural. La selección natural conduce a la diversidad de caracteres y cuanto más difieren los organismos en estructura, hábitos y constitución, más puede sostener una región, lo que es evidente considerando los moradores de una región pequeña y las producciones aclimatadas en países extraños. Por ello, durante la modificación de la descendencia de una especie y la pugna de las especies por incrementar sus especímenes, cuanto más diversos sean los descendientes, más aventajarán en la pugna vital. Así las leves diferencias presentes en las variedades de una misma especie tienden a aumentar hasta que igualan a las diferencias mayores presentes entre las especies de igual o diferente género. Las especies comunes, muy difundidas, abarcan vastos territorios y pertenecen a los géneros mayores de cada clase; son las más variables y tienden a transmitir a su descendencia la ventaja que las hace dominantes regionales. La selección natural conduce a la divergencia y la crecida extinción de los organismos más imperfectos e intermedios. Así puede explicarse la índole de las afinidades y las diferencias que existen entre los organismos en todo el globo. Es maravilloso que todos los animales y vegetales, en cualquier época y lugar, estén relacionados recíprocamente en grupos sometidos a otros grupos, como observamos por doquier: las variedades de una especie, muy relacionadas entre sí; las especies de igual género, menos relacionadas y de modo desigual, conformando secciones o subgéneros; las especies de géneros diversos, mucho menos relacionadas; y los géneros relacionados en grados diferentes, conformando subfamilias, familias, órdenes, subclases y clases. Los diversos grupos subordinados no pueden ser ordenados en una fila exclusiva. A parecen agrupados en torno de puntos, éstos alrededor de otros puntos, y así, sucesivamente, en círculos infinitos. Si las especies hubiesen sido creadas independientemente, no habría explicación factible de este tipo de clasificación, explicado por la herencia y la acción de la selección natural, origen de la extinción y la divergencia caracteriológica, como se aprecia en el gráfico suministrado.

Las afinidades de los integrantes de una clase se han representado mediante un árbol, ejemplo que expresa notablemente la verdad: las ramas verdes y con brotes representan las especies vivientes, y las propias de años anteriores la prolongada sucesión de especies extintas. En cada período de crecimiento las ramas que crecen buscaron ramificarse en todas direcciones, imponiéndose y destruyendo los brotes y las ramas vecinos, así como las especies y sus agrupaciones han dominado a otras en la pugna vital. Las ramas mayores, que arrancan del tronco y se dividen en ramas grandes y en ramas cada vez menores, fueron cuando el árbol era joven ramas que brotaban, y esta relación representa la clasificación de las especies vivientes y extinguidas en grupos subordinados.

De las ramitas que florecieron cuando el árbol era joven, sólo 2 o 3, ahora ramas grandes, sobreviven aún y llevan las otras ramas; igualmente de las especies arcaicas, poquísimas tienen descendientes vivos modificados. Desde la juventud del árbol, muchas ramas se secaron y cayeron. Éstas, de diverso tamaño, representan aquellos órdenes, familias y géneros que no tienen representantes vivientes y que son conocidos como fósiles. Así como vemos una ramita salida de una ramificación baja y que ha sido favorecida y está aún viva en su punta, de vez en cuando encontramos un animal, como el Ornithorhynchus o el Lepidosiren, que relaciona 2 grandes ramas vitales, y se ha preservado por vivir en sitios protegidos. Así como los brotes dan nuevos brotes, y éstos se ramifican y sobrepujan ramas más débiles, así ocurrió por generación, en el gran árbol de la vida: con sus ramas muertas y rotas llena la corteza terrestre con sus bellas ramificaciones, siempre en división.

# Capítulo XV

# Recapitulación. Conclusiones

Este libro es una extensa argumentación: le conviene al lector tener brevemente resumidos los hechos y conclusiones principales.

Pueden formularse muchas y graves objeciones a la teoría de la descendencia con modificación por variación y selección natural. Di a estas objeciones toda su potencia. Nada parece más increíble que los órganos e instintos más complejos se hayan formado, no por medios superiores a la razón, sino por acumulación de leves e innumerables cambios ventajosos para el individuo. Pero dicha dificultad, aunque parezca excesivamente grande, no debe ser considerada real si admitirnos que todas las porciones del organismo y todos los instintos tienen diferencias al menos individuales; que hay una lucha vital que preserva las modificaciones ventajosas estructurales o instintivas, y que quizá hubo gradaciones en el estadio de perfección de cada órgano, buena cada una en su clase. Estas proposiciones son indiscutibles y muy difícil es conjeturar por qué gradaciones se originaron muchas conformaciones, particularmente en los grupos fragmentarios y decadentes que padecieron numerosas extinciones. Se observan tantas gradaciones en el medio natural, que se necesita extrema prudencia para afirmar que un órgano, un instinto, o una conformación completa no pudieron alcanzar su estado actual por numerosos estados graduales. Existen casos complejos, opuestos a la teoría de la selección natural; uno de ellos es la existencia de 2 o 3 castas de hormigas obreras, o hembras estériles, en la misma sociedad; busqué demostrar cómo se pueden superar estas dificultades.

En cuanto a la esterilidad de las especies que se cruzan por primera vez, en contraste con la fecundidad generalizada de las variedades cruzadas, remito a la recapitulación presente al final del capítulo IX, que demuestra que esta esterilidad no es un regalo más especial que la imposibilidad de injertar 2 especies arbóreas y que depende de diferencias de los sistemas reproductores de las especies cruzadas. Lo exacto de ello se ve en la diferencia en los resultados de cruzar recíprocamente 2 especies; o sea cuando una es empleada como padre y luego como madre. El resultado –análogo de la consideración de los vegetales dimorfos y trimorfos– nos conduce a igual conclusión; las formas unidas ilegítimamente dan poca o ninguna simiente; sus descendientes son más o menos estériles. Estas formas pertenecen a la misma especie y difieren sólo sus funciones y órganos reproductores.

Aun cuando tantos autores coincidan en que es vasta la fecundidad de las variedades si se cruzan, como la de su progenie, no se puede considerar esa afirmación como exacta tras los hechos citados por autoridades como Gärtner y Kölreuter. La mayoría de las variedades sometidas a experimentos no fueron domésticas; como la domesticación –no el mero confinamiento– tiende a eliminar la esterilidad que por analogía afectaría a las especies progenitoras si se cruzaran, no se puede esperar que la domesticación produzca esterilidad en sus descendientes modificados si se cruzan. Esta supresión de la esterilidad la origina la misma causa que posibilita a los animales domésticos criar sin límites en condiciones variadas, y también porque se han acostumbrado paulatinamente a transformaciones repetidas en su existencia.

Dos series de hechos aclaran lo referido a la esterilidad las especies cuando se cruzan por primera vez y la de sus híbridos. Existe fundamento para creer que las pequeñas modificaciones en las condiciones vitales brindan fuerza y fecundidad a los organismos. Es conocido que el cruzamiento entre ejemplares diferentes de una igual variedad y entre variedades distintas incrementa su progenie y le brinda mayor tamaño y energía. Así sucede porque las formas que se cruzan estuvieron bajo condiciones vitales diferentes. Lo comprobé mediante una serie de experimentos: si todos los ejemplares de una variedad son sometidos durante seguidas generaciones a iguales condiciones, la ventaja proveniente del cruzamiento suele disminuir o desaparece. Tal, uno de los aspectos del asunto. Asimismo, sabemos que las especies que estuvieron prolongadamente bajo condiciones prácticamente iguales, de ser sometidas en cautividad a otras condiciones perecen o se tornan estériles aunque tengan completa salud. Esto no sucede o sucede en poca proporción con las producciones domésticas que han estado sometidas largamente a condiciones cambiantes. Por eso cuando se observa que los híbridos por cruzamiento entre 2 especies diferentes son pocos, porque mueren luego de la concepción o tempranamente, o sobreviven estériles, puede que ello sea causado porque han sufrido una importante modificación de sus condiciones vitales a raíz de participar de organizaciones diferentes. Aquel que explique exactamente por qué un elefante o un zorro no se crían cautivos en su región natal, en tanto que los perros y cerdos domésticos lo hacen sin límites en condiciones diversas, podrá también responder con exactitud a la pregunta de por qué razón 2 especies, al cruzarse, igual que su descendencia híbrida, son más o menos estériles, en tanto que 2 variedades domésticas, si se cruzan, tanto como sus descendientes, son fecundas.

En relación a la distribución geográfica, los problemas para la teoría de la descendencia con modificación son críticos. Los individuos de una especie y todas las especies de igual género –aun los grupos superiores– provienen de ancestros comunes; por muy aisladas que estén las porciones del globo en que hoy se las halla, estas especies, tras muchas generaciones, debieron moverse desde un punto a los otros. Repetidamente es imposible conjeturar al menos cómo pudo haber sucedido ello. Mas dado que podemos fundamentar nuestra suposición de que ciertas especies conservaron igual forma específica durante inmensamente largos períodos, no daremos importancia a la gran difusión ocasional de una especie, porque durante períodos semejantes siempre habrá habido posibilidades para una emigración por medios diversos. Una dispersión fragmentaria o interrumpida puede se explicada frecuentemente por la extinción de especies en las áreas intermedias. Hasta ahora poco sabemos de las transformaciones geográficas y climáticas terrestres recientes, que habrán facilitado repetidas veces la emigración. Como ejemplo busqué demostrar la poderosa influencia del período glaciar en la distribución de una misma especie o de especies afines por el globo terrestre. Hasta ahora poco sabemos de los tantos medios ocasionales de transporte. En lo que hace a especies diferentes de igual género que viven en áreas remotas y aisladas, ya que el desarrollo modificatorio por fuerza ha resultado lento, habrán tenido realización todos los medios emigratorios durante un período extenso y, así, la dificultosa difusión de las especies de igual género queda algo atenuada.

De acuerdo con la teoría de la selección natural, debe haber existido un sinnúmero de formas intermedias; éstas relacionan las formas de cada grupo por gradaciones tan delicadas como las de las variedades vivientes y cabe preguntarse por qué no vemos en nuestro entorno estas formas de enlace, por qué razón no está el conjunto de los organismos confundido en un caos insondable. En lo que hace a las formas vivientes, recordemos que (excepto unos pocos casos) no se puede esperar el descubrimiento de lazos de unión directa entre ellas, apenas entre cada una de ellas y alguna forma extinta y suplantada.

Hasta en un área vasta y que haya seguido continua durante un largo tiempo, donde el clima y otras condiciones vitales cambien inadvertidamente, al pasar de un sector ocupado por una especie a otro ocupado por otra similar, no se puede esperar encontrar seguidamente variaciones intermedias en zonas intermedias. Se puede suponer que solamente pocas especies de un género sufren cambios, extinguiéndose las otras sin descendientes modificados. De las especies modificadas, sólo unas pocas se modifican simultáneamente en la misma región y las modificaciones son lentas. Demostré que las variaciones intermedias que quizás existieron al comienzo en áreas intermedias estarían expuestas a ser suplantadas por formas afines presentes a uno y otro lado, dado que las últimas, al estar representadas por muchos individuos, se modificarían y perfeccionarían más rápido que las menos numerosas variedades intermedias. Finalmente las variedades intermedias serían suplantadas y aniquiladas. De acuerdo con este principio de la aniquilación de innumerables formas que relacionan a los organismos vivientes y extintos del mundo, en cada período sucesivo entre las especies desaparecidas y otras aun más arcaicas, ¿por qué razón no están estas formas presentes en los estratos geológicos? ¿Por qué causa una serie de fósiles no da pruebas de la gradación y modificación de los organismos? Incluso cuando las investigaciones geológicas señalan la pasada presencia de formas que unen a muchos organismos, no testimonian las innumerables leves gradaciones entre las especies pretéritas y las actuales que necesita nuestra teoría. Ésta es la más evidente de las objeciones contra ella presentada. Asimismo, ¿por qué grupos completos de especies afines se encontraron en los estratos geológicos sucesivos, aunque muchas veces esta evidencia resultó ser falsa? Aunque hoy sabemos que los organismos surgieron en un período tan lejano, antes del cámbrico, ¿por qué se hallan acumuladas debajo de este estrato masas importantes de restos de los antecesores de los fósiles cámbricos? Para mi teoría, estos estratos se depositaron en alguna parte, en aquellas arcaicas eras desconocidas de la historia terrestre.

Respondo a estas preguntas y objeciones bajo la suposición de que los registros geológicos son más imperfectos de lo que suponen muchos geólogos. Los ejemplares de los museos son nada, comparados con las incontables generaciones de especies que existieron. La forma madre de 2 o más especies según sus caracteres no sería más directamente intermedia entre su modificada progenie que la paloma salvaje por su buche y cola en relación a sus descendientes, la paloma buchona o la colipavo. Ni por el más riguroso examen sería reconocible una especie como madre de otra modificada, sin tener la mayoría de los pasos intermedios. Por lo imperfectos que son los registros geológicos, no se puede esperar el hallazgo de estas mutaciones intermedias. Si se descubrieran 2 o más uniones, aunque fuesen muy leves sus diferencias, la mayoría de los naturalistas las clasificarían meramente como especies nuevas, particularmente si se hallaran en diferentes subestratos. Existen muchas formas actuales dudosas, las que conforman tal vez variedades, mas ¿cómo suponer que en el futuro se descubrirán formas intermedias fósiles suficientes para que los naturalistas puedan afirmar que estas actuales pueden llamarse variedades? Solamente una corta porción del globo fue explorada geológicamente. Solamente los organismos de algunas clases se pueden preservar como fósiles, al menos en cantidad apreciable. Muchas especies ya conformadas no experimentan ningún cambio luego y se extinguen sin dejar progenie modificada. Los períodos en los cuales las especies experimentaron transformaciones, extensos si son medidos en años, quizá fueron breves comparados con aquellos en los cuales conservaron la misma forma. Las especies dominantes y vastamente distribuidas son las que varían más y más frecuentemente, mientras que las variedades son repetidamente locales en un comienzo; ambas causas no hacen factible el hallazgo de eslabones intermedios en una determinada formación. Las variedades locales no se extenderán a otras áreas remotas hasta que estén muy transformadas y mejoradas; cuando se extendieron y fueron encontradas en un estrato aparecen como creadas repentinamente. Serán clasificadas meramente como especies novedosas. La mayoría de los estratos se acumularon intermitentemente, y su duración fue posiblemente menor que la media de las formas específicas. Las formaciones sucesivas, mayoritariamente, se hallan separadas entre sí por intervalos prolongados, porque formaciones que contienen fósiles con capacidad suficiente para resistir la erosión solamente pueden acumularse –generalmente– allí donde se depositan vastos sedimentos, en un fondo marino que sufra movimiento descendiente. Durante los períodos alternados de elevación y de tipo estacionario, los registros geológicos estarán habitualmente en blanco. En estos últimos períodos habrá seguramente más cambio en los organismos; en los descendentes una mayor extinción.

En relación a la falta de estratos con abundantes fósiles bajo la formación cámbrica, puedo únicamente recurrir a la hipótesis del capítulo X: aunque nuestros continentes y océanos casi permanecieron en las posiciones actuales durante un vasto período, no podemos admitir que haya sido siempre así, luego, permanecen sepultadas bajo los océanos formaciones más arcaicas que las conocidas. En cuanto a que el tiempo pasado desde que la Tierra se consolidó no fue suficiente para el cambio orgánico supuesto (esta objeción, propuesta por sir William Thompson, es quizá de las más importantes) sólo puedo decir que ignoramos con qué velocidad mutan las especies, y que numerosos científicos aún no admiten que conozcamos la constitución del universo y del interior de nuestro globo tanto como para razonar adecuadamente sobre su duración pretérita.

Se admitirá que los registros geológicos son imperfectos; escasamente se aceptará que lo son en el grado adecuado para nuestra teoría. Si consideramos períodos suficientemente vastos, la geología manifiesta que el conjunto de las especies mutó y cambió como lo señala la teoría, dado que lo hicieron lenta y gradualmente. Eso se aprecia en que los fósiles de formaciones consecutivas están siempre más relacionados entre sí que los de formaciones separadas.

Quizá éste es el compendio de las diversas objeciones y los obstáculos que pueden enfrentar nuestra teoría, y he manifestado las respuestas que se les pueden dar. Encontré –durante años– estas dificultades muy abrumadoras como para dudar de ellas, mas debo subrayar que las objeciones de más importancia aluden a cuestiones que reconocemos ignorar, sin saber hasta dónde. Desconocemos la suma de los grados transicionales posibles entre los órganos más sencillos y aquellos más perfectos; no puede exigírsenos conocer todos los medios de distribución que tuvieron lugar durante el vasto pretérito, ni que conozcamos la imperfección completa de los estratos. Siendo graves estas objeciones, no son suficientes para desbaratar la teoría de la descendencia seguida de modificación.

En domesticidad se aprecia una notable variabilidad generada o facilitada por la modificación de las condiciones vitales, mas frecuentemente de manera tan oscura, que podemos estimar estos cambios como espontáneos. La variabilidad está gobernada por normas complejas: correlación de crecimiento, compensación, incremento del empleo y desempleo de los órganos, y una acción determinada de las condiciones ambientales. Resulta arduo averiguar cuánto se modificaron las producciones domésticas, mas se puede admitir que las modificaciones fueron importantes y que pueden heredarse durante prolongados períodos En tanto las condiciones vitales sigan iguales, se puede creer que una modificación que ya fue heredada por numerosas generaciones puede seguir siendo heredada por un número prácticamente ilimitado de éstas. Contrariamente, está comprobado que la variabilidad, cuando ya comenzó a concretarse, no se detiene en estado doméstico durante un extenso período; en verdad no se conoce si alcanza a detenerse alguna vez, ya que por accidente se concretan nuevas variedades en las producciones domésticas más añejas.

La variabilidad no es generada por el hombre, quien solamente expone inintencionadamente los organismos a nuevas condiciones vitales; es entonces cuando la naturaleza opera sobre éstos y los transforma. Mas el hombre puede seleccionar y efectivamente selecciona aquellas variaciones que le ofrece la naturaleza, y las preserva; adapta el hombre los animales y vegetales según su provecho o gusto. Puede hacerlo con método, o sin intención, preservando los ejemplares más útiles o gratos, sin modificar las razas conscientemente. Puede influir determinantemente en los caracteres de una casta eligiendo en cada una de las generaciones sucesivas diferencias tan leves que resulten inapreciables, salvo para una óptica educada. Este proceso selectivo inconsciente fue el agente fundamental en la conformación de las razas domésticas más diferentes y útiles. Las complejas dudas sobre si numerosas razas establecidas por el hombre conforman variedades y especies primigeniamente diferentes señalan que numerosas razas tienen las características de especies naturales.

No existe motivo para que las normas que operaron eficientemente en domesticidad no lo hicieran en el medio natural. En la supervivencia de los individuos y las razas beneficiadas durante la pugna por la vida hay una forma selectiva potente y constante. La pugna por la vida se produce a causa de la alta razón geométrica de propagación, factor común a todos los organismos. La elevada velocidad propagativa se demuestra por el cálculo, por la rápida propagación de numerosos animales y vegetales en el curso de temporadas particularmente favorables, y cuando se los naturaliza en nuevas regiones. Nacen más ejemplares de los que pueden sobrevivir. Un grano en la balanza puede determinar qué individuos van a vivir y cuáles van a morir, qué variedad o especie aumentará sus especímenes y cuál disminuirá o se extinguirá. Dado que los ejemplares de una misma especie entran en la más severa competencia, la pugna será habitualmente más severa entre las variedades de una misma especie, y continuará en rigurosidad entre las especies de igual género. Asimismo repetidamente será rigurosa la pugna entre organismos alejados en la escala natural. La más leve ventaja en determinados individuos, en cualquier estadio etáreo o estación, sobre aquellos con quienes compiten, o la mayor adaptación a las condiciones ambientales, por pequeña que sea, obrarán a su favor.

En los animales que poseen sexos separados habrá mayoritariamente pugna entre los machos por las hembras. Los más vigorosos, o los más exitosos en la lucha con sus condiciones vitales, habitualmente tendrán mayor progenie, mas el éxito dependerá repetidamente de que los machos posean armas, medios defensivos o atractivos particulares, y una leve ventaja acarreará su triunfo.

Como indica la geología, todas las regiones sufrieron profundas mutaciones físicas y se podría encontrar que los organismos variaron en estado natural como lo hicieron en domesticidad. Si hubo alguna variabilidad en el medio natural, sería inexplicable que la selección natural no hubiese participado. Esto se afirmó repetidas veces, mas la suposición no se puede demostrar porque la intensidad de la variación en la naturaleza es muy limitada. El hombre, pese a operar exclusivamente sobre las características externas y muy seguidamente de modo caprichoso, puede producir en un corto tiempo un notable resultado agregando a sus producciones domésticas meras diferencias individuales. Sin embargo, amén de estas diferencias, los naturalistas admiten que hay variedades naturales lo suficientemente diferentes como para que ser registradas en la sistemática. No se estableció una distinción definitiva entre las diferencias individuales y las variedades pequeñas, ni entre las variedades bien señaladas y las subespecies y las especies. En continentes separados, o en áreas continentales distintas, cuando están separadas por obstáculos de cualquier índole, o en islas anejas, ¡qué cantidad de formas existe, que los naturalistas clasifican como variedades, como razas geográficas o subespecies, y otros, como especies diferentes, aunque extremadamente próximas!

Si los animales y vegetales varían, por poco y lentamente que así sea, ¿por qué no tendrán que preservarse y acumularse, por selección natural o supervivencia de los más aptos, las variaciones o diferencias individuales que resulten provechosas? Si el hombre puede pacientemente seleccionar las variaciones útiles, ¿por qué, en condiciones vitales cambiantes y complejas, no irían a surgir frecuentemente y ser conservadas o seleccionadas variaciones útiles para las producciones naturales actuales? ¿Qué límite se le puede establecer a esta fuerza actuante durante períodos tan extensos y escudriñando minuciosamente toda la constitución, conformación y hábitos de cada ser, favoreciendo lo adecuado y rechazando lo no conveniente? No aprecio ningún límite para esta fuerza que adapta –lenta y admirablemente– cada forma a las más complejas relaciones vitales. La teoría de la selección natural, sin ir más lejos, parece muy aceptable. Ya reseñé las dificultades y objeciones expresadas contra esta teoría; ahora veamos los argumentos y hechos particulares en su favor.

Según la teoría de que las especies son variedades muy evidentes y constantes, y de que cada especie existió inicialmente como variedad, es factible comprender por qué no se puede trazar una demarcación entre las especies, que se supone habitualmente que han sido generadas por actos particulares de creación, y las variedades, que lo han sido por normas secundarias. Siguiendo esta teoría es posible comprender cómo es que en una región donde surgieron numerosas especies de un género, que prosperan hoy, éstas deben poseer abundantes variedades, porque donde la generación de especies fue activa se esperará habitualmente encontrarla aún activa, y así sucede cuando las variedades consisten en especies incipientes. Asimismo las especies de los géneros mayores, que brindan la mayor cantidad de variedades o especies incipientes, preservan el carácter de variedades, porque difieren menos entre sí que las especies propias de aquellos géneros más pequeños. Las especies más próximas de los géneros mayores evidencian tener asimismo una distribución geográfica acotada, y sus afinidades las reúnen en grupos reducidos, en torno de otras, pareciéndose por ambos motivos a las variedades. Estas relaciones son raras en la teoría de que cada especie fue generada independientemente, mas son entendibles si cada especie existió inicialmente como variedad.

Tal como todas las especies, por su razón geométrica reproductiva, se inclinan por incrementar muchísimo el número de sus ejemplares, y como la progenie modificada de cada especie será apta para multiplicarse cuanto más se diferencien en hábitos y conformación, para poder ocupar numerosos y muy diversos sitios en la economía natural, existirá una tendencia permanente en la selección natural a preservar la progenie más divergente de cualquier especie. Por ello durante un prolongado proceso de modificación, las leves diferencias propias de las variedades de una especie tienden a aumentar hasta transformarse en las diferencias mayores propias de las especies de un mismo género. Las variedades nuevas u optimizadas suplantarán y destruirán a las variedades más antiguas, menos perfeccionadas e intermedias: así las especies se convertirán mayoritariamente en elementos definidos y precisos. Las especies dominantes, correspondientes a los grupos mayores propios de cada clase, darán origen a formas nuevas y dominantes: cada grupo grande tiende a volverse aun mayor y simultáneamente más divergente. Mas como los grupos no pueden continuar aumentando de extensión, pues el planeta no tendría capacidad para albergarlos, los grupos predominantes vencerán a los que no lo son. Esta tendencia de los grupos grandes a seguir aumentando su extensión y divergencia, junto con una vasta extinción, su consecuencia inevitable, explican la disposición de los organismos en grupos sometidos a otros grupos, todos comprendidos en un breve número de grandes clases, que han prevalecido en el tiempo. Esta agrupación de todos los organismos en lo que se denomina sistema natural resulta inexplicable desde la teoría de la creación.

Como la selección natural opera exclusivamente por acumulación de variaciones favorables, leves y sucesivas, no alcanza a generar modificaciones grandes o repentinas; solamente procede con cambios leves y lentos. Por aquello de la ley de *Natura non facit saltum*[67], que cada nuevo conocimiento confirma, resulta ello comprensible dentro de esta teoría. Podemos entender por qué, en la naturaleza, el mismo objetivo general se alcanza por una serie casi infinita de medios, ya que toda singularidad, ya adquirida, se hereda durante largo tiempo, y conformaciones modificadas ya de maneras muy diversas tienen que adaptarse a un mismo objetivo general.

67 "La naturaleza no anda a los saltos."

Podemos entonces comprender por qué la naturaleza es generosa en variedades y avara en innovaciones, mas nadie puede explicar por qué tiene que ser ello una ley natural cuando cada especie fue independientemente creada.

Hay muchos otros hechos explicables por nuestra teoría. ¡Qué raro que un ave, similar al pájaro carpintero, se nutra de insectos en el suelo; que los gansos terrestres, que poco o nunca nadan, posean pies palmeados; que un ave parecida al tordo se sumerja y se alimente de insectos acuáticos; que el petrel tenga unos hábitos y una conformación adecuados para la vida de los pingüinos! La nómina es interminable, mas estos hechos dejan de ser extraños, y hasta posibles de prever desde la teoría de que cada especie se esfuerza sin pausa por incrementar su número, y que la selección natural está permanentemente lista para adaptar la progenie de cada especie que varíe algo, a un lugar desocupado o imperfectamente ocupado en el medio natural.

Resulta medianamente comprensible por qué razón existe tanta belleza en la naturaleza. Ello puede atribuirse mayoritariamente al trabajo de la selección. La belleza, según nuestra comprensión, no resulta universal, lo que debe ser admitido por quien preste su atención a ciertas serpientes ponzoñosas, algunos peces y determinados murciélagos repugnantes, los que tienen un monstruoso parecido con el rostro humano. La selección sexual brindó hermosos colores, elegantes dibujos y galanuras a los machos, y en ocasiones a ambos sexos, en el caso de numerosas aves, mariposas, etc. En lo que hace a las aves, el canto del macho resulta seguidamente musical para la hembra y también para nosotros. Las flores y los frutos son evidentes, gracias a centelleantes colores contrastantes con el verde de la foresta, para que las flores puedan ser fácilmente vistas, visitadas y fecundadas por los insectos, y las semillas distribuidas por las aves. Por qué razón determinados colores, sonidos y formas placen al hombre y los animales inferiores (o sea, cómo fue adquirido por primera vez el sentido más sencillo de lo bello) lo desconocemos; tampoco conocemos por qué algunos olores y sabores se volvieron gratos por primera vez.

Dado que la selección natural opera a través de la competencia, adapta y perfecciona los organismos de cada región exclusivamente en relación a sus otros moradores; de modo que no es asombroso que las especies de una región resulten vencidas y reemplazadas por las producciones naturalizadas venidas de otro sitio, aunque según la teoría habitual, se suponga que han sido creadas y particularmente adaptadas a ella. No asombra –hasta donde podemos entender– que las disposiciones en la naturaleza no resulten perfectas, como sucede con el ojo humano, y tampoco que algunas no se correspondan con el concepto de lo adecuado. No asombra que el aguijón de la abeja, empleado como defensa, produzca la muerte de la abeja ni que haya tantos zánganos para un exclusivo fin y que sean posteriormente muertos por sus hermanas estériles. Tampoco asombra la sorprendente prodigalidad del polen de los abetos, ni la furia de la abeja reina contra sus hijas fecundas ni que los icneumónidos se nutran de orugas vivas. Lo mismo sucede con otros casos parecidos. Lo extraño, para la teoría de la selección natural, es que no se hayan descubierto todavía más casos de imperfección.

Las normas complejas y casi desconocidas que regulan la producción de las variedades son las mismas que ha seguido la producción de especies diferentes. En ambos casos se estima que las condiciones físicas han producido cierto efecto directo y definido, del que no conoce la intensidad. De tal modo, cuando las variedades ingresan en una estación nueva, en ocasiones adquieren ciertos caracteres propios de las especies locales. En las variedades y en las especies, se supone que el empleo y la falta de empleo generaron un efecto apreciable; no se puede dejar de sacar esta conclusión al tomar en cuenta, por ejemplo, el *logger-headed duck*[68], cuyas alas no sirven para volar, casi como las del pato doméstico; cuando observamos el tucu-tucu minador[69], ocasionalmente ciego, y ciertos topos, que son generalmente ciegos y cuyos ojos están cubiertos por piel. La misma conclusión extraemos respecto de los animales ciegos propios de las cavernas europeas y americanas. Al parecer, en las variedades y especies, la variación correlativa tuvo un papel de importancia; así que cuando una parte se modificó, obligadamente se transformaron también otras. En las variedades y las especies surgen, de tanto en tanto, características ausentes desde mucho tiempo atrás. Es inexplicable desde la teoría de la creación la aparición de rayas en los lomos y las patas en diversas especies de caballo y sus mestizos, mas qué fácilmente se explica ello si admitimos que estas especies proceden de un ancestro con rayas, al igual que las diversas palomas domésticas provienen de la paloma salvaje, de matiz azulado y con franjas.

Según el supuesto de que cada especie fue creada de modo independiente, ¿por qué son más cambiantes las características específicas, aquellas en que se diferencian las especies de igual género, que las características genéricas, en que coinciden todas? ¿Por qué razón, como ejemplo, en una especie determinada de un género, el color de la flor tiende más a variar si las otras especies poseen flores de diferentes colores que si todas tienen flores de color igual? Si las especies constituyen apenas variedades bien marcadas, cuyas características se tornaron permanentes, podemos comprender este asunto, porque desde que se separaron del ancestro común cambiaron ya determinadas características, finalizando por

68 Ave palmípeda (Anas brachyptera) muy común en las Islas Malvinas, por la época en que Darwin visitó el territorio sur de la Argentina. Es de gran tamaño y llega a pesar más de 10 kilos.

69 Ver nota 16.

ser específicamente diferentes las unas de las otras. Por ello estas características deben ser todavía más inclinadas a variar que las genéricas que fueron heredadas sin cambio durante un vasto tiempo. No se puede explicar, desde la teoría de la creación, por qué un órgano desarrollado de manera poco común en una exclusiva especie de un género (según podemos suponer, fundamental para dicha especie) vaya a estar muy sujeto a modificación. De acuerdo con nuestra teoría, el órgano en cuestión sufrió una asombrosa transformación a partir de que las diversas especies se separaron del ancestro en común. Por eso es factible esperar que resulte aún modificable. Mas un órgano puede desarrollarse de la manera más alejada de lo habitual –tal, el ala del murciélago– y resultar no más variable que cualquier otra conformación, cuando es común a numerosas formas subordinadas. O sea, si fue heredado durante mucho tiempo, se ha tornado un factor permanente debido a una selección natural extremadamente prolongada.

Respecto de los instintos, siendo algunos asombrosos, para la teoría de la selección natural no señalan mayores dificultades que las conformaciones corporales de modificaciones leves, seriales y provechosas. Así se alcanza a entender por qué la naturaleza avanza gradualmente proveyendo a los animales de una misma clase de sus diferentes instintos. Intenté mostrar cuánto aclara el principio de la gradación respecto de las maravillosas facultades arquitectónicas de la abeja común. Sin duda el hábito aporta muy seguidamente lo suyo en cuanto a la transformación de los instintos, mas no resulta indispensable, como se aprecia en el caso de los insectos neutros, que no dejan una progenie que herede los efectos de los hábitos prolongados. Desde la teoría de que las especies de igual género descienden de un ancestro común y heredaron numerosas características comunes, es posible entender cómo especies próximas, en condiciones vitales muy distintas, poseen los mismos instintos; por qué razón los tordos tropicales y los de las regiones templadas sudamericanas revisten sus nidos de barro como lo hacen las especies británicas. De acuerdo con la teoría de que los instintos fueron adquiridos lentamente a través de la selección natural, no asombra que ciertos instintos sean imperfectos y expuestos a error y que otros instintos originen el padecimiento de los animales que los poseen.

Si las especies son apenas variedades notorias y permanentes, es factible entender por qué causas su progenie híbrida seguirá las mismas normas que la progenie procedente del cruce entre variedades reconocidas, en los grados y el tipo de semejanza con sus progenitores, absorbidas mutuamente por cruzamientos sucesivos, y en otros aspectos semejantes. Este parecido sería extraño si las especies hubiesen surgido de modo independiente y las variedades producidas por leyes secundarias.

Entendiendo que los registros geológicos son muy imperfectos, entonces los hechos que brindan los registros apoyan la teoría de la progenie modificada. Las nuevas especies surgieron lentamente y a intervalos; la intensidad de las modificaciones, tras espacios iguales de tiempo, es diferente en diferentes grupos. La extinción de especies y grupos completos de especies que tuvieron un rol fundamental en la historia del mundo orgánico es el resultado prácticamente inevitable de la selección natural, dado que las formas arcaicas resultan suplantadas por otras nuevas y optimizadas. Las especies aisladas y los grupos de especies no vuelven a aparecer cuando se ha roto la generación ordinaria. La difusión paulatina de formas dominantes, sumada a la lenta transformación de su progenie, implica que las formas orgánicas surjan tras largos intervalos, tal como si hubiesen mutado en todo el globo al mismo tiempo. Que los restos fósiles de cada formación, debido a sus características, sean en cierto modo intermedios entre los fósiles de las formaciones inferiores y los pertenecientes a las superiores, es algo que sucede por su posición intermedia en la secuencia genealógica. Que los seres extintos puedan ser clasificados junto con los seres vivientes es resultado de que los organismos vivientes y los extintos son descendientes de ancestros comunes. Como las especies por lo habitual se diferenciaron característicamente durante la prolongada secuencia de descendencia y transformación, es posible entender cómo las formas más arcaicas, o los progenitores iniciales de cada grupo, ocupan tan habitualmente una posición en cierta forma intermedia entre grupos del presente. Por lo habitual las formas modernas son estimadas como más elevadas en la escala organizacional que las arcaicas; deben ser estimadas así porque las formas más modernas y perfeccionadas triunfaron en la pugna vital sobre las más arcaicas e imperfectas. Asimismo y generalmente, ofrecen órganos más especializados para ejercer distintas funciones. Esto es coherente con que abundantes organismos aún posean conformaciones simples y escasamente perfeccionadas, adaptadas a condiciones vitales simples. Es paralelamente coherente con que ciertas formas han retrocedido organizacionalmente por haber alcanzado una mejor adaptación a condiciones vitales nuevas e inferiores en cada tramo de su progenie. La ley de la prolongada conservación de formas afines en un mismo continente (por ejemplo, los marsupiales australianos, los desdentados americanos y otros casos similares) es entendible porque, en una misma región, los organismos vivientes y los extintos deben estar muy unidos en lo que hace a su índole genealógica.

Tomando en cuenta la distribución geográfica y suponiendo que durante el prolongado paso del tiempo hubo gran migración de una porción a otra del globo, a causa de arcaicas modificaciones geográficas y climáticas y a los numerosos medios ocasionales y desconocidos de dispersión, resulta factible entender, de acuerdo con la teoría de la progenie con modificación, la mayoría de los hechos fundamentales de la distribución geográfica. Es posible entender por qué tiene que existir un paralelismo importante en la distribución de los organismos en el espacio y en su secuencia geológica en el tiempo, dado que en los 2 casos los organismos estuvieron unidos por la generación ordinaria y los medios de cambio fueron los mismos. Se entiende así el significado del hecho asombroso y que impresionó a los viajeros: que en un mismo continente, en condiciones tan diferentes (con calor y frío, en áreas montañosas y planicies, en desiertos y ciénagas) la mayoría de los habitantes, de cada una de las grandes clases, poseen un parentesco notorio. Ello, porque son la progenie de iguales ancestros, los primeros colonizadores de la región. Tal como lo dicta este principio de una añeja emigración, sumada habitualmente a modificaciones, es factible comprender con el auxilio del período glaciar, la identidad de ciertos vegetales y el cercano parentesco de otros que viven en las montañas más lejanas y en las áreas templadas norteñas y sureñas, así como el cercano parentesco de determinados organismos marinos en las latitudes templadas del norte y el sur, aunque estén separados por la extensión del océano intertropical. Así 2 regiones tengan condiciones físicas tan parecidas que obliguen a habitarlas a las mismas especies, no debe asombrar que sus moradores sean muy distintos, pues si esas áreas estuvieron separadas durante mucho tiempo, el proceso de modificación en ellas habrá sido muy diferente. Ello, porque la relación entre los organismos es el factor fundamental y cada una de las regiones recibió –en distintos períodos y proporciones– colonizadores provenientes de la otra o de otras regiones.

De acuerdo con la teoría de la migración con modificaciones subsiguientes, se entiende por qué las islas oceánicas están ocupadas por escasas especies y por qué tantas son formas particulares o endémicas. Se comprende por qué especies correspondientes a grupos que no pueden cruzar vastos espacios marítimos (tales los batracios y los mamíferos terrestres) no habitan las islas oceánicas, y por qué causa se encuentran con frecuencia en islas muy lejanas de cualquier continente especies nuevas y singulares de murciélagos, los que sí pueden cruzar el océano. La presencia de especies particulares de murciélagos en islas del océano y la falta de mamíferos terrestres son hechos inexplicables para la teoría de los actos independientes de creación.

La existencia de especies muy similares o representativas en 2 regiones implica, de acuerdo con la teoría de la progenie con modificación, que otrora habitaron ambas regiones las mismas formas ancestrales, y encontramos casi sin excepción que cada vez que numerosas especies similares habitan 2 regiones, ciertas especies idénticas son aún comunes entre ambas. Cada vez que se aprecia numerosas especies muy parecidas, aunque distintas, se observa asimismo la presencia de formas dudosas y variedades correspondientes a los mismos grupos. Resulta una norma general que los moradores de cada región estén relacionados con aquellos de la fuente más cercana de donde puedan haber venido colonizadores. Se aprecia esto en la llamativa relación de la mayoría de los vegetales y animales del archipiélago de las Galápagos, la isla de Juan Fernández y otras islas con los vegetales y animales del vecino continente americano y de los del archipiélago de Cabo Verde y otras islas africanas con los del continente africano. Estos hechos no tienen ninguna explicación desde los principios de la teoría de la creación.

Que el conjunto de los organismos arcaicos y actuales puedan ser clasificados en una reducida secuencia de grandes clases en grupos subordinados a otros grupos, quedando frecuentemente los grupos extintos entre los grupos actuales, es comprensible desde la teoría de la selección natural, con sus consecuencias de extinción y divergencia de características. Según dichos principios es que entendemos por qué razón son tan complejas y sinuosas las afinidades recíprocas de las formas en cada clase; por qué determinados caracteres son más útiles que otros para la clasificación; por qué ciertas características adaptativas (pese a ser de gran importancia para los organismos) carecen de ella en cuanto a la clasificación. También es gracias a estos principios que se logra comprender por qué características provenientes de órganos primitivos, pese a carecer de utilidad para los organismos, resultan ser muy seguidamente de gran valor taxonómico, y por qué las características embriológicas son frecuentemente las más importantes. Las similitudes reales de todos los organismos, contrapuestas a sus parecidos adaptativos, provienen de la herencia o del origen común. El sistema natural resulta ser un ordenamiento genealógico, donde se expresan los grados diferenciales adquiridos mediante expresiones tales como "variedades", "especies", "géneros", "familias" y demás. Debemos hallar las líneas genealógicas guiándonos por las características más permanentes, sean ellas las que sean y por leve que resulte ser su importancia vital.

Un conjunto óseo tal como el que conforma la mano humana, el ala del murciélago, la aleta de la marsopa y la pata del caballo; igual número de vértebras en el cuello de la jirafa y en el del elefante, más otros incontables hechos parecidos, se explican enseguida a través de los postulados de la teoría de la progenie con lentas y pequeñas transformaciones secuenciales. El parecido de tipo entre el ala y la pata de un murciélago, aunque sean empleadas para cometidos tan distintos; la semejanza entre las piezas bucales y las patas de un cangrejo; la similitud que encontramos entre los pétalos, los estambres y los pistilos florales, son factores que también se explican gracias a la teoría de la modificación paulatina de las partes o los órganos que fueron primigeniamente iguales en un ancestro lejano de cada una de estas clases. De acuerdo con el precepto de que las sucesivas variaciones no siempre suceden en un temprano estadio etáreo y resultan heredadas en un período correspondiente no inicial de la vida, se entiende por qué son tan similares los embriones de mamíferos, aves, reptiles y peces, y tan distintas luego las formas adultas. No asombra más que el embrión de un mamífero o un ave, que respiran el aire, tenga hendiduras branquiales y arterias en forma de asas, como las de un pez que debe respirar el oxígeno disuelto en el agua con el auxilio de branquias completamente desarrolladas.

El desuso, apoyado en ocasiones por la selección natural, habrá frecuentemente reducido órganos tornados inútiles por la modificación de los hábitos o las condiciones vitales. De acuerdo con esta teoría es como se alcanza a comprender el significado de los órganos rudimentarios. Mas el desuso y la selección generalmente actuarán sobre cada organismo cuando éste haya alcanzado la edad adulta y asumido por completo su papel en la pugna vital; de tal modo, la falta de empleo y la selección escaso poder tendrán sobre los órganos en la etapa temprana y los órganos no estarán reducidos o resultarán rudimentarios en esta fase. El ternero, como ejemplo, heredó de un lejano ancestro que tenía dientes bien desarrollados, unos dientes que nunca rasgan la encía de la mandíbula superior. Se puede suponer que los dientes se redujeron otrora por desuso en el adulto, porque la lengua y el paladar o los labios se adaptaron a rozar sin la ayuda de aquéllos, en tanto que en el ternero los dientes no variaron. Según el principio de la herencia a las edades correspondientes, éstos fueron heredados desde un inicio lejano hasta la actualidad. Según la teoría de que cada organismo (con todas sus partes) fue creado especialmente, qué inexplicable es que se presenten tan frecuentemente órganos que exhiben el notorio sello de lo inútil, como los dientes del feto vacuno, o las alas plegadas bajo los élitros soldados de numerosos coleópteros. Se diría que la naturaleza se ha tomado el trabajo de revelar su sistema de modificación a través de los órganos rudimentarios y las conformaciones homólogas y embrionarias, aunque no se pueda entender cuál es su objetivo.

Señalo a continuación cuáles hechos y consideraciones me persuadieron de que las especies se modificaron durante tantas generaciones. Ello sucedió fundamentalmente gracias a la selección natural de abundantes variaciones sucesivas, leves y ventajosas, con el importante apoyo de los efectos hereditarios del empleo y la caída en desuso de las partes, accesoriamente, o sea, en relación a las conformaciones adaptativas añejas o actuales, por la acción directa de las condiciones externas y las variaciones que (tan poco es lo que se sabe) parecen surgir espontáneamente. Asimismo parece que antes reduje la valía y frecuencia de estas últimas formas de variación, en cuanto que conducen a transformaciones permanentes de conformación, independientemente de la selección natural. Dado que mis conclusiones fueron hace poco muy tergiversadas y se dijo que atribuyo la modificación de las especies únicamente a la selección natural, debo manifestar que en la primera edición de esta obra y las posteriores coloqué en un sitio bien visible, al final de su introducción, las palabras que siguen: "*Estoy persuadido de que la selección natural fue la manera fundamental de modificación, mas no la única*". Ello no resultó de ninguna manera útil. Poderosa es la fuerza de la tergiversación permanente, mas la historia científica demuestra que por suerte no perdura demasiado.

Es difícil admitir que una teoría falsa explique tan satisfactoriamente –como efectivamente lo hace la teoría de la selección natural– las diversas y vastas clases de hechos antes señaladas. Recientemente se objetó que éste es un método de razonamiento riesgoso, mas es uno empleado al juzgar los hechos comunes de la existencia y fue reiteradamente empleado por los mayores filósofos naturalistas. Así se arribó a la formulación de la teoría ondulatoria de la luz, y la creencia en la rotación de la Tierra sobre su eje hasta hace poco no se apoyaba prácticamente en ninguna prueba directa. No constituye una objeción valedera que la ciencia hasta el presente no esclarezca el problema, muy superior, de la esencia o el origen de la vida. ¿Quién alcanza a explicar en qué consiste la esencia de la atracción gravitatoria? Nadie rechaza hoy seguir las consecuencias resultantes de este elemento desconocido de atracción, a pesar de que Leibniz[70] acusó antes a Newton[71] de introducir propiedades ocultas y milagros en la filosofía.

No veo ninguna razón para que lo manifestado en este libro ofenda los sentimientos religiosos de nadie. Es suficiente, como demostración de cuán efímeras son estas impresiones, recordar que el más grande descubrimiento hecho por el hombre –la ley de la atracción gravitatoria– fue asimismo atacado por Leibniz "*como subversivo de la religión natural y, por ello, de la religión revelada*". Un célebre autor y teólogo me ha escrito que "*paulatinamente ha ido viendo que es una concepción igualmente noble de la Divinidad creer que Ella ha creado un breve número de formas primigenias, capaces de transformarse por sí mismas en otras necesarias, como creer que ha precisado un acto nuevo de creación para rellenar los huecos producidos por la acción de sus leyes*".

Puede preguntarse por qué razón, hasta hace poco, los naturalistas y los geólogos más eminentes de nuestro tiempo descreyeron de la mutabilidad de las especies. No puede decirse que los organismos en estado natural no estén so-

70 Gottfried Wilhelm Leibniz, nacido en Leipzig el 1 de julio de 1646 y fallecido en Hannover el 14 de noviembre de 1716, fue un filósofo, lógico, matemático, jurista y político alemán, estimado como uno de los mayores pensadores de su época.

71 Sir Isaac Newton, nacido el 25 de diciembre de 1642 en Woolsthorpe y fallecido el 20 de marzo de 1727 en Kensington, fue un físico, filósofo, teólogo y matemático inglés, autor de los *Philosophiae naturalis principia matematica* (1687), donde describió la ley de la gravedad universal y fundamentó las bases de la mecánica clásica.

metidos a una variación; no se puede probar que la intensidad de la variación en el curso de períodos extensos sea de una cantidad limitada. Ninguna distinción precisa se ha hecho, si es que puede hacerse tal cosa, entre las especies y las variedades bien demarcadas. No es factible sostener que las especies al cruzarse resulten invariablemente estériles y las variedades invariablemente fecundas, ni que la esterilidad es un obsequio y señal particular de creación. El supuesto de que las especies son producciones inmodificables fue prácticamente inevitable, en tanto se creyó que la historia terrestre poseía una breve duración. Actualmente al formular la idea del tiempo transcurrido tendemos en exceso a suponer, sin contar con pruebas para ello, que los registros geológicos resultan ser tan perfectos que nos tendrían que haber brindado pruebas fehacientes de la modificación de las especies, si éstas hubiesen experimentado tal transformación.

Mas la causa fundamental de nuestro rechazo natural a admitir que una especie ha dado origen a otra es que siempre demoramos admitir aquellos cambios importantes cuyas instancias sucesivas no vemos. El problema es el mismo que tuvieron tantos geólogos cuando Lyell sostuvo, por primera vez, que los agentes que aún apreciamos como activos han conformado las extensas líneas de acantilados del interior y excavado los vastos valles. La mente no puede alcanzar siquiera el significado real de la expresión "un millón de años"; no puede sumar y comprender el resultado de tantas variaciones leves, como aquellas que se han ido sumando a través de una cantidad de generaciones apenas menos que infinita.

Pese a que estoy absolutamente persuadido de la verdad de las opiniones brindadas en este volumen bajo la forma de un extracto, no aguardo de ninguna manera la posibilidad de convencer a experimentados naturalistas – cuyo pensamiento atesora un sinnúmero de hechos presenciados, durante largos años– que parten de una óptica absolutamente contraria a la que me es propia. Resulta más que fácil esconder la propia ignorancia entre expresiones como la existencia de un "plan de la creación", "unidad tipológica" y demás, suponiendo de tal manera que se está dando una explicación, cuando en realidad lo que se está haciendo es repetir una afirmación en relación a un hecho.

Aquellos cuya disposición los conduzca a darle mayor importancia a dificultades sin explicación que a la explicación de una determinada cantidad de hechos, rechazarán con toda seguridad la teoría; ciertos naturalistas, de gran flexibilidad mental, que han comenzado ya a dudar respecto de la inmutabilidad de las especies, pueden recibir la influencia de este libro, mas yo contemplo confiado el futuro, en dirección a los jóvenes naturalistas, quienes resultarán capaces de contemplar ambos lados del problema con criterio imparcial. Quien se sienta tentado a creer que las especies son transformables, hará un buen servicio expresando con honradez su convicción, porque sólo de tal manera alcanzará a aliviarse de la rémora prejuiciosa que pesa sobre este asunto.

Diversos importantes naturalistas expresaron hace poco su opinión respecto de que gran cantidad de supuestas especies propias de cada género no son realmente especies, pero que otras especies sí lo son, o sea, que han sido creadas independientemente. Ésta me parece una conclusión de lo más extraña. Admiten que una gran cantidad de formas, hasta hace poco supuesta por ellos mismos como creaciones especiales –que así son estimadas aún por la mayoría de los naturalistas– y que correspondientemente poseen los rasgos típicos y extremos de auténticas especies, fueron generadas por variación, mas se niegan estos naturalistas a extender el mismo criterio a otras formas apenas diferentes. Empero ellos no pretenden alcanzar a definir, o siquiera conjeturar, cuáles son las formas orgánicas creadas y cuáles son las generadas por normas secundarias. Admiten la variación como una auténtica causa en un caso determinado, mientras que con toda arbitrariedad rechazan esa posibilidad en otro caso, sin formular distinción alguna entre ellos. Llegará el momento en que esto será considerado un ejemplo de la ceguera de la opinión preconcebida. Estos autores no se asombran más de un acto milagroso o de creación que lo que se asombran de un nacimiento ordinario. Mas ¿estiman ciertamente que en incontables períodos de la historia terrestre, determinados átomos elementales recibieron la orden de conformar, súbitamente, tejidos vivos? ¿Ellos estiman que en cada supuesto acto de creación se originaron muchos individuos o uno? Las innúmeras clases de animales y vegetales, ¿acaso resultaron creadas en su conjunto como huevos o semillas o completamente desarrolladas? En lo que hace a los mamíferos, ¿fueron creados portando la falsa señal de la alimentación a través del útero materno? Sin duda algunas de estas preguntas no pueden ser respondidas por los que creen en la aparición o creación de apenas una breve cantidad de formas orgánicas o sólo de alguna forma. Distintos autores mantuvieron la opinión de que es tan fácil creer en la creación de un millón de organismos como en la de uno solo, mas el axioma filosófico de la acción menor, de Maupertuis[72], posibilita admitir la cantidad menor, y no es necesario creer que fueron creados incontables organismos en cada una de las grandes clases con signos evidentes, aunque engañosos, de constituir la progenie de un solo ancestro.

Como recuerdo de un estado pretérito conservé en los textos anteriores y otras secciones algunas expresiones que señalan que los naturalistas creen en la creación aislada de cada especie. Recibí objeciones por haberme expresado de tal modo, mas sin duda era ésa la creencia generalizada cuan-

72 Pierre-Louis Moreau de Maupertuis, nacido el 7 de julio de 1698 en Saint-Jouan-des-Guérets y fallecido el 27 de julio de 1759 en Basilea, fue un filósofo, matemático y astrónomo francés.

do se publicó la primera edición de esta obra. Antes expresé ante muchos naturalistas el problema de la evolución, y jamás encontré un recibimiento favorable para mis palabras al respecto. Tal vez algunos creyeron en aquel momento en la evolución, mas guardaban silencio o se expresaban de modo tan ambiguo, que no era fácil entender cuál era su pensamiento. Hoy las cosas han cambiado completamente, y la mayoría de los naturalistas admite el principio de la evolución. Sin embargo hay algunos naturalistas que creen aún que de las especies han surgido repentinamente, por medios absolutamente inexplicables, formas nuevas muy diferentes. Como intenté demostrar, pueden oponerse pruebas de gran a la suposición de modificaciones importantes y súbitas. Desde una óptica científica, y en lo concerniente a llevar a posteriores investigaciones, creyendo que de formas arcaicas y muy distintas se desarrollan súbitamente y de una manera inexplicable formas nuevas, se alcanza una pobre ventaja sobre la añeja creencia en la creación de las especies del polvo terrestre.

Puede preguntarse hasta dónde extiendo los límites de la teoría de la modificación de las especies. Es arduo contestar esta pregunta, ya que cuanto más diversas son las formas que tomemos en consideración, menor es el número y la potencia de los razonamientos en apoyo de la comunidad originaria; pero ciertas razones de mayor peso llegan muy lejos. El conjunto de los miembros de clases enteras están ligados por una secuencia de afinidades, y pueden todos ser clasificados, de acuerdo con el mismo principio, en grupos subordinados. Los fósiles tienden en ocasiones a rellenar intervalos extensos entre órdenes vivientes.

Los órganos rudimentarios demuestran que un lejano ancestro tuvo el órgano completamente desarrollado. En ciertos casos ello implica una modificación mayúscula en la progenie. En clases enteras, diferentes estructuras están conformadas de acuerdo con los mismos tipos, y en una etapa muy temprana los embriones resultan ser muy parecidos. Por ello no dudo de que la teoría de la progenie con modificación abarca al conjunto de los miembros de una misma clase o un mismo reino. Estimo que los animales descienden como mucho de apenas 4 o 5 progenitores, y los vegetales de un número igual o menor.

La analogía me llevaría a avanzar un paso más: a creer que todos los animales y los vegetales descienden de un exclusivo prototipo, mas la analogía puede ser un guía engañoso. Empero todos los organismos tienen mucho de común en su composición química, su estructura celular, sus normas de crecimiento y en lo referente a ser susceptibles a influencias negativas. Esto se aprecia en un hecho tan nimio como el de que un mismo veneno en muchas oportunidades actúa de un modo similar en animales y vegetales, o que el veneno segregado por cinípidos[73] origina un anormal crecimiento en el rosal salvaje y en el roble. En todos los organismos, con la posible excepción de ciertos seres muy inferiores, la reproducción sexual resulta ser similar en esencia. En todos, hasta donde se conoce hoy, la vesícula germinal es igual; de modo que el conjunto de los organismos surge de un origen común. Si consideramos inclusive las 2 divisiones fundamentales, el reino animal y el reino vegetal, determinadas formas inferiores resultan ser de de carácter tan intermedio, que los naturalistas discutieron en qué reino incluirlas. Como el profesor Assa Gray observó: *"las esporas y otros cuerpos reproductores de numerosas algas inferiores poseen primero una existencia animal muy característica y luego una existencia vegetal inequívoca".* Por ello, de acuerdo con el principio de la selección natural con divergencia de características, resulta creíble que tanto los animales como los vegetales se puedan haber desarrollado

73 Los cinípidos constituyen una familia de pequeños insectos himenópteros dividida en unas 1.300 especies distribuidas en Europa y América.

partiendo de alguna de dichas formas interiores e intermedias. Admitido esto, se debe asimismo admitir que el conjunto de los organismos que en todo tiempo moraron sobre la Tierra pueden haber descendido de cierta forma originaria. Mas esta deducción se funda sobre la base principal de la analogía, y resulta indiferente que sea admitida o no. Es posible, como propuso Mr. G. H. Lewes[74], que en el inicio de la vida se produjeron formas muy diversas, mas de ser así podemos concluir que sólo muy pocas de ellas dejaron una progenie modificada; como ya señalé al expresarme respecto de los miembros de cada uno de los grandes reinos (como los vertebrados, los artrópodos y demás) encontramos en sus conformaciones embriológicas, homólogas y rudimentarias la prístina demostración de que, en cada reino, el conjunto de los animales descienden de un exclusivo ancestro.

Cuando las opiniones propuestas en este libro y por Mr. Wallace, o cuando opiniones similares respecto del origen de las especies sean completamente admitidas, podremos prever que se producirá una apreciable revolución en la historia natural. Los sistemáticos podrán seguir con sus labores como hasta ahora, mas no estarán obsesionados sin pausa por la oscura duda de si tal o cual forma constituyen genuinas especies. Ello, estoy persuadido, y hablo sobre la base de mi propia experiencia, será un gran alivio. Tendrán término las dilatadísimas discusiones respecto de si unas 50 especies de zarzas inglesas son o no buenas especies. Los sistemáticos tendrán apenas que decidir, y eso no será fácil, si una forma es lo adecuadamente constante y distinta de las otras para ser pasible de definición. En caso de serlo, los especialistas deberán decidir si las diferencias son lo suficientemente importantes

74 George Henry Lewes, nacido en Londres el 18 abril 1817, ciudad donde falleció el 30 noviembre 1878, fue un filósofo, crítico literario y teatral inglés, ardiente partidario del darwinismo.

como para que merezca dicha forma un nombre específico. Este último asunto pasará a ser una consideración mucho más fundamental de lo que es hoy, dado que las diferencias, por pequeñas que ellas resulten ser entre 2 formas que no están unidas por grados intermedios, son consideradas por la mayoría de los naturalistas como pruebas suficientes para ubicar a ambas en la categoría de especies.

En el futuro estaremos obligados a reconocer que la exclusiva distinción entre especies y variedades bien señaladas consiste en que de estas últimas se sabe o se supone que están unidas hoy por gradaciones intermedias, mientras que las especies lo estuvieron otrora. Por ello –sin dejar de estimar la existencia actual de gradaciones intermedias entre 2 formas– debemos medir más meticulosamente la genuina intensidad de la diferencia entre ellas y a otorgarle un valor más alto. Es factible que formas reconocidas actualmente, por lo habitual, como meras variedades puedan ser mañana entendidas como dignas de recibir nombres específicos. En ese caso el lenguaje científico y el popular se pondrán de acuerdo. Deberemos tratar las especies de igual manera a como los naturalistas que admiten que los géneros son meras combinaciones artificiales realizadas por conveniencia tratan los géneros. Es posible que esta no sea una perspectiva alentadora, pero mínimamente nos liberará de las estériles indagaciones después de la esencia –todavía no hallada y que no puede ser encontrada– de la expresión "especie".

Las otras ramas más generales de la historia natural incrementarán en gran proporción el interés que despierten. Las expresiones "afinidad, parentesco, comunidad de tipo, paternidad, morfología, caracteres de adaptación, órganos rudimentarios y atrofiados", y demás, empleadas por los naturalistas, dejarán de ser metáforas para adquirir un sentido concreto. Cuando no observemos más un organismo como un salvaje contempla un buque –como algo por completo ajeno a su comprensión–; cuando observemos las producciones naturales como seres dotados de una vasta historia; cuando contemplemos todas las complejas conformaciones e instintos como el resumen de numerosas disposiciones útiles para quien las posea, de igual manera que una importante invención mecánica es el resumen de la labor, la experiencia, el razonamiento y hasta de los yerros de numerosos operarios; cuando contemplemos de tal modo cada organismo, cuánto más interesante (hablo por mi propia experiencia) será para nosotros el estudio de la historia natural.

Se abrirá un campo de investigación, grande y casi novedoso, sobre las causas y normas de la variación, la correlación, los efectos del empleo y el desuso, el accionar directo de las condiciones externas, y así sucesivamente. El estudio de las producciones domésticas incrementará muchísimo su valor. Una nueva variedad formada por el hombre constituirá un objeto de estudio más interesante que una especie más, sumada a la infinidad de especies que ya han sido clasificadas. Nuestras clasificaciones alcanzarán a ser genealógicas hasta donde puedan suponer esta condición, y expresarán genuinamente lo que puede denominarse como "el plan de creación". Las leyes de la clasificación sin duda se simplificarán cuando tengamos definido el objetivo. No tenemos genealogías ni escudos heráldicos; debemos descubrir y seguir las abundantes líneas genealógicas divergentes en nuestras genealogías naturales a través de las características de todo tipo que fueron recibidas como herencia durante tanto tiempo. Los órganos rudimentarios nos hablarán, sin posibilidad de error, respecto de la naturaleza de conformaciones extraviadas desde hace mucho. Especies y grupos de especies denominadas aberrantes –las que pueden ser estimadas como "fósiles vivientes"– contribuirán a establecer la representación de los organismos arcaicos. La embriología nos mostrará en múltiples ocasiones la conformación, en cierto modo empañada, de los prototipos de las grandes clases.

En el momento en que logremos asegurarnos de que el conjunto de los individuos de una especie y todas las especies muy similares de la mayor parte de los géneros han descendido, en un período no muy lejano, de un ancestro, y han emigrado desde un exclusivo sitio originario; cuando conozcamos de mejor manera los abundantes medios de migración; entonces, gracias a la luz que hoy arroja y mañana seguirá proporcionando la geología sobre las transformaciones pretéritas –climáticas y del nivel terrestre– podremos con seguridad seguir de un modo magnífico las arcaicas emigraciones de los habitantes de todo el globo.

Inclusive hoy la comparación de las diferencias entre los habitantes marinos en los extremos opuestos de un continente, y la naturaleza de los diversos habitantes de tal continente, en relación con sus medios aparentes de inmigración, puede brindar alguna claridad sobre la geografía arcaica.

La noble geología pierde su prestigio por la gran imperfección de sus registros. La corteza terrestre, con sus despojos sepultados, no puede ser estimada como un gran museo, sino como una mísera colección aleatoria, reunida en escasas ocasiones. Debe reconocerse que la acumulación de cada formación importante de fósiles dependió de la coincidencia excepcional de circunstancias positivas para ello y que los espacios en blanco entre los estratos secuenciados han sido de prolongada duración. Podemos suponer con cierta seguridad la duración de estos intervalos mediante la comparación de organismos precedentes y siguientes; debemos ser prudentes al tratar de establecer, mediante la sucesión general de los organismos, la correlación de severa contemporaneidad entre 2 formaciones que no comprenden demasiadas especies diferentes. Dado que las especies se producen y desaparecen por motivos que operan con lentitud y que todavía hoy están presentes, en vez de por sucesos milagrosos creacionales; dado que el conjunto de las causas de transformaciones orgánicas es casi independiente de la modificación (inclusive, en ocasiones es independiente también del cambio súbito) de las condiciones físicas, esto es, la relación recíproca de organismo a organismo, porque el perfeccionamiento de un organismo produce el perfeccionamiento o la aniquilación de otro, resulta que la magnitud de las transformaciones orgánicas en los fósiles de formaciones consecutivas sirve quizá como una buena medida del período de tiempo relativo, mas no del tiempo absoluto. Empero determinado número de especies, reunidas en un conjunto, pudieron ser capaces de continuar sin cambios durante un vasto período. En tanto, dentro del mismo período alguna de estas especies, trasladándose a nuevas regiones y principiando a competir con formas forasteras, pudo haberse modificado. Entonces no podemos exagerar la precisión de la variación orgánica como medida del tiempo.

En el futuro veo un ancho campo de aplicación para investigaciones de índole mucho más interesante. Seguramente la psicología se basará sobre los cimientos, bien erigidos ya por Mr. Herbert Spencer, de la obligada adquisición gradual de cada una de las facultades y aptitudes mentales. Se arrojará mucha claridad sobre el origen humano y su historia.

Autores de relevante trayectoria parecen estar plenamente satisfechos con la hipótesis de que cada especie ha sido creada de modo independiente. Supongo que se aviene mejor con lo que comprendemos respecto de las normas fijadas por el Creador a la materia, que la producción y destrucción de los moradores antiguos y presentes de la Tierra sean debidas a motivos secundarios, como los determinados por el nacimiento y la muerte individuales. Cuando estimo al conjunto de los organismos no como si fueran creaciones especiales, sino como la progenie directa de un breve número de organismos que existieron mucho antes de que fuera depositada la primigenia capa del período cámbrico, creo que se ennoblecen. Juzgando desde el pretérito, deducimos seguramente que ninguna especie actual transmitirá sin modificación su parecido hasta alcanzar un período remoto del porvenir. Entre las especies actualmente existentes, muy pocas de ellas trasmitirán a los períodos futuros ninguna progenie, ya que por el modo en que se encuentra agrupado el conjunto de los organismos se torna evidente que en cada género la mayoría de las especies –y en el caso de numerosos géneros su totalidad– no dejaron progenie y se encuentran absolutamente extintos. Estamos en condiciones de arrojar un vistazo profético al futuro, suficiente para predecir que las especies comunes y muy extendidas, correspondientes a los grupos mayores y dominantes, serán aquellas que prevalecerán y generarán especies nuevas y predominantes. Como el conjunto de las formas orgánicas actuales es la progenie directa de aquellas que existieron hace tanto tiempo, en el período cámbrico, podemos asegurar que nunca se interrumpió la sucesión ordinaria generacional y que ningún cataclismo asoló el globo entero. Por ello, podemos suponer confiadamente que advendrá un futuro seguro y de vasta extensión. Dado que la selección natural opera exclusivamente para el beneficio y la ventaja de cada organismo, todos los dones intelectuales y corporales progresarán hacia su perfección.

Resulta interesante contemplar una enmarañada ribera cubierta por abundantes vegetales de variadas clases, con aves que cantan entre los arbustos, con diversos insectos revoloteando por el paraje y gusanos arrastrándose sobre la tierra húmeda, y reflexionar respecto de que estas formas, preciosamente establecidas, tan distintas entre sí, y dependientes recíprocamente de manera tan compleja, fueron engendradas por normas que operan continuamente en torno nuestro. Dichas normas, estimada en un sentido amplio, consisten en: la regla del crecimiento con reproducción; la ley de herencia, casi comprendida en la de reproducción; la norma de variación gracias al accionar directo y al indirecto de las condiciones vitales y por el empleo y el desuso; un motivo del incremento tan elevado que lleva a una pugna por la existencia y consecuentemente a la selección natural, que establece la divergencia de características y la extinción de las formas más imperfectas.

De tal modo lo más alto que podemos imaginar –la producción de los animales superiores– proviene directamente de la contienda natural, del hambre y la muerte. Hay grandeza en esta concepción de que la existencia, con sus diversas fuerzas, fue impulsada por el Creador en un breve número de formas o en una sola; también en que, mientras nuestro planeta fue girando de acuerdo con la permanente ley de la gravedad, se desarrollaron y siguen haciéndolo, partiendo de un principio tan simple, una infinidad de formas que incluyen las más hermosas y fascinantes.

# Cronología

*Resumimos a continuación los aspectos más importantes de la vida y obra de Charles Darwin, desde sus comienzos como brillante alumno en la prestigiosa Universidad de Cambridge, hasta su muerte sucedida sin que las pocas fuerzas que le quedaban le restaran tiempo para desarrollar su infatigable labor de investigación científica.*

1809-Nace en Shrewsbury, Shropshire, Inglaterra, el 12 de febrero de 1809, siendo el quinto de seis de los hijos de Robert Waring Darwin, médico y también hombre de negocios de buena posición económica, y Susannah Darwin. La casa familiar es la finca denominada *The Mount* y la familia profesaba la religión anglicana.

1817- El joven Darwin ya da muestras del apasionado interés que sentirá toda su vida por la historia natural, coleccionando él mismo especímenes animales y vegetales en las inmediaciones de la finca familiar. Fallece la madre de Darwin.

1825- Darwin comienza a trabajar como aprendiz de médico, colaborando con su padre, quien proyectaba que él fuera la nueva generación familiar aplicada al arte de curar. Obedeciendo a los deseos de su padre, el joven hace su ingreso en la Universidad de Edimburgo para estudiar medicina, pero se aburre infinitamente en los claustros, por lo que descuida sus estudios pese al disgusto paterno.

1827- Ingresa en la Sociedad Pliniana, un grupo de estudiantes de historia natural. Colabora con las investigaciones de Robert Edmund Grant sobre la anatomía y el ciclo vital de los invertebrados marinos. En marzo de 1827 hace su primera presentación científica, ante la Sociedad Pliniana de la que formaba parte, respecto de unas esporas blancas halladas en ostras y que resultaron ser huevos de sanguijuela. Darwin asiste fascinado a una exposición que hace Grant de la teoría de la evolución de Lamarck, que impacta fuertemente en su intelecto y su imaginación.

1828- Disgustado con los malos resultados de los estudios médicos de su hijo, el padre de Darwin lo envía al Christ's College de Cambridge para que allí obtenga un graduación en letras, primera etapa para ordenarse como pastor anglicano. Sin embargo, tampoco la carrera religiosa entusiasma al joven, quien prefiere las excursiones y los deportes al aire libre. Realiza una amplia colección de escarabajos locales. Se produce su primera publicación científica, en la afamada edición del *Illustrations of British Entomology*, de James Francis Stephens.

1830- El botánico John Henslow despierta el interés de Darwin por la historia natural y paulatinamente Darwin se va transformado en su discípulo predilecto y luego en su íntimo amigo, pese a la diferencia de edad entre ambos. Henslow presenta a Darwin en el círculo de renombrados especialistas que conforman su entorno habitual.

1831- En Cambridge finalmente Darwin se concentra en sus estudios y aprueba el examen definitivo en enero, ubicándose en el décimo lugar entre 178 alumnos examinados. Debe permanecer en la Universidad hasta mediados de año, por lo que se aboca a la lectura de un grupo de obras que marcarán definitivamente su vocación y su interés científico. Son ellas: la *Teología Natural*, de William Paley; *Un discurso preliminar en el estudio de la filosofía natural*, de John Herschel, y el *Viaje a las regiones equinocciales del Nuevo Continente*, de Alexander von Humboldt. A su regreso a la mansión familiar de una excursión realizada con otros estudiantes, se encuentra con una carta del profesor Henslow, incitándolo a tomar un cargo como naturalista en el buque científico HMS Beagle, comandado por el capitán Robert FitzRoy, que dejaría puerto un mes después para concretar una expedición cartográfica en la costa de América del Sur. Estaba previsto que la expedición duraría 2 años. El padre de Darwin se opone vivamente a que su hijo se embarque en el Beagle, mas la persistencia del joven termina por hacerlo ceder y otorga su permiso. Entusiasmado, Darwin se embarca y el Beagle zarpa del puerto de Plymouth el 27 de diciembre, para un viaje que se extendería por 5 años.

1831-1836 – Tal como se había pactado al aceptar el ofrecimiento del generoso Henslow, Darwin se aplica a investigaciones geológicas realizadas cada vez que el buque toca tierra firme, así como a coleccionar especímenes vegetales y animales, en tanto el Beagle lleva adelante su misión científica midiendo corrientes marinas y cartografiando las costas de los parajes que visita. Darwin anota minuciosamente –durante su viaje de un lustro- cada descubrimiento y curiosidad que le sale al paso y envía con regularidad sus hallazgos a Cambridge, donde un equipo de expertos analiza sus descubrimientos a medida que éstos van llegando. La primera recalada del Beagle son las Islas Azores, luego Santiago de Cabo Verde, en África; continúa su rumbo atravesando el Océano Atlántico hasta San Salvador de Bahía y Río de Janeiro, en Brasil; siempre proa hacia el sur, el barco científico recala en Montevideo, cruza el Río de la Plata y toca puerto en Bahía Blanca, donde Darwin hace unas muy notables observaciones sobre la flora y fauna de Argentina. El Beagle continúa su periplo hasta las Islas Malvinas, atraviesa el peligroso paso entre el Atlántico y el Pacífico y subiendo por la costa chilena, echa el ancla en Valparaíso. Luego continúa hasta el puerto de El Callao, en Perú; se dirige a las Islas Galápagos, cuya extrañísima y exclusiva fauna y flora despiertan el mayor interés del joven científico. La siguiente etapa del viaje lo conduce hasta Australia, nueva fuente de asombro y descubrimientos, gracias a las particularísimas formas de vida que Darwin encuentra en su visita. Toca puerto en las islas Cocos y Mauricio, en el Océano Índico, y luego el Beagle se dirige hacia Ciudad del Cabo, en África. Nuevo cruce del Atlántico hasta Bahía, en Brasil, y finalmente el retorno a Inglaterra, donde arroja el ancla el 2 de octubre de 1836, tras cinco años de navegación. Charles Darwin, a los 27 años de edad, es recibido como una auténtica celebridad por la opinión pública y sus colegas de más edad, que se rinden ante los valiosos descubrimientos del joven naturalista. El siempre generoso profesor Henslow se había encargado activamente de difundir buena parte de los hallazgos de Darwin entre sus colegas, al tiempo que un equipo de reputados naturalistas se hacía cargo de la clasificación y el estudio de las muestras pacientemente enviadas desde el Beagle en todos esos años.

1837- El 4 de enero presenta parte de sus colecciones de mamíferos y aves ante la Sociedad Geológica de Londres. El 17 de febrero Darwin es elegido como miembro de la Sociedad Geográfica. Se traslada a Londres.

1838- En marzo sume el cargo de secretario de la Sociedad Geológica.

1839- El 24 de enero es elegido miembro de la Royal Society. El 29 de enero Charles Darwin y su prima, Emma Wedgwood, contraen enlace matrimonial en la localidad de Maer, bajo el rito anglicano. Los esposos se trasladan a Londres donde fijan su residencia. En mayo se publica su obra *Viaje de un naturalista alrededor del mundo en el H.M.S Beagle.*

1842- Publica en mayo sus estudios sobre los arrecifes coralinos, y comienza a elaborar la teoría que lo convertiría en una de las figuras científicas más importantes de todos los tiempos: la Teoría de la Evolución. Se instala en la propiedad rural Down House, escapando de las premuras y los compromisos de la capital inglesa para consagrarse a sus investigaciones.

1844- Se hacen evidentes las dolencias, cardíacas y de otro tipo, que aquejan al todavía joven investigador y que lo acompañarían con cada vez mayor gravedad hasta el fin de sus días. Darwin prosigue sus investigaciones y el estudio de los distintos aspectos de su teoría en franca elaboración.

1849- Buscando una mejoría para su descalabrada salud, Darwin acude al balneario del doctor James Manby Gully, para experimentar las cualidades curativas de la hidroterapia.

1851- Fallece su hija, Anne, tras una serie de crisis cardíacas, lo que reaviva el temor de Darwin ante las posibles características hereditarias de esa afección.

1853- Recibe la prestigiosa Medalla Real, otorgada por la Royal Society, por sus investigaciones respecto de cómo ciertas modificaciones de los organismos les posibilitan a estos desarrollar nuevas funciones. Es la consagración oficial de Darwin en el campo de la biología.

1858-Junto con el naturalista Alfred Russel Wallace realiza ante la Sociedad Linneana de Londres, el 1 de julio, una presentación bajo el título *Sobre la tendencia de las especies a crear variedades, así como sobre la perpetuación de las variedades y de las especies por medio de la selección natural*. Dicha presentación no recibe la atención que cabía esperar.

1859-El 22 de noviembre se editan los 1.250 ejemplares de la publicación príncipe de *El origen de las especies mediante la selección natural o la conservación de las razas favorecidas en la lucha por la vida*, la obra capital del extraordinario naturalista inglés. Antes de llegar a las librerías, la primera edición se había agotado, por el número de suscriptores adelantados a su venta pública. El libro desata una polémica de proporciones inusitadas, y Darwin recibe tanto fervorosas adhesiones como agrias objeciones, no sólo a partir de criterios científicos opuestos a su teoría de la selección natural, sino también desde puntos de vista religiosos, filosóficos y éticos.

1862- Publica *Sobre la intervención de los insectos en la fecundación de las orquídeas*. El deterioro de su salud es tan marcado, que debe guardar cama por prolongados períodos, sin que ello sea suficiente para que abandone sus investigaciones.

1868- Se edita su obra *Variación de las plantas y los animales en estado doméstico.*

1871- Publica *La descendencia humana y la selección sexual.*

1872- Sale de la imprenta su obra *La expresión de las emociones en el hombre y los animales.*

1881- Publica *Sobre la influencia de las lombrices en la formación de la tierra vegetal.* Se agrava aún más su estado de salud.

1882- Muere en Down, en el condado de Kent, el 19 de abril de 1882. Por expreso pedido de sus colegas, recibe un funeral de Estado en la Abadía de Westminster y sus restos son sepultados junto a los de Isaac Newton.

# Índice